千里走乌江

当代乌江流域
考察实录

向泽映　程必忠　著

重庆大学出版社

序

足下千里写民生

周勇

　　最近，泽映同志的新作《千里走乌江——当代乌江流域考察实录》即将出版，请我作序。重读书稿，与十年前在《重庆日报》上读到的《千里走乌江》系列报道相比，仍给我带来了许多震撼和感悟。

　　2011年7月，中宣部在全国新闻战线开展"走基层转作风改文风"活动，史称"走转改"。这是中国共产党以人为本、执政为民执政理念的重要体现，是坚持"三贴近"、保证新闻舆论真实准确、增强新闻宣传吸引力感染力的重要途径，是加强新闻队伍建设、树立和维护新闻工作者良好社会形象的基础性工程和长期任务。

　　时任重庆日报副总编辑的泽映同志率先响应，带队策划推出了《千里走乌江》大型系列报道。他们冒着大旱酷暑，行进在崎峋的贵州高原、武陵山区，先后途经重庆的涪陵、武隆、彭水、黔江、酉阳、秀山，以及贵州的威宁、安顺、毕节、清镇、开阳、遵义、瓮安、余庆等36个区县，采访了上百个贫困乡镇，行程4800多公里，先后采写了几十篇稿件，拍摄了上千幅图片。

这组报道于2011年9月6日起，在《重庆日报》刊出，向读者全方位、多视角、原生态再现了乌江流域经济发展、社会演进、文化交流等实况与变迁，11月17日才告结束。两个多月，我们天天都在期待中。这组报道受到中宣部和中央媒体的充分肯定，也成为我市"走转改"活动的一项重要成果。

从20世纪80年代起，泽映同志就在《重庆日报》社，长期从事党报新闻采编、宣传管理工作，具有丰富的新闻实践经验及较好的专业素养。其间，他致力于民情社会、百姓民生、基层建设、产业发展的研究，经常深入基层到群众家里获取新闻素材。对于他来说，通过实地考察贴近民生进行报道，乌江之行已经不是第一次了。他曾实地考察重庆、四川等地，坚持在行走中贴近民生，以朴实生动的语言来反映民生，为人们传递出采访地的第一手资料。1997年重庆直辖之前，他就历时两年，徒步15000里，考察了重庆的21个区县，700多个乡镇，推出了《渝郊万里行》大型主题报道，为重庆的改革、发展、民生问题的解决提供了鲜活的案例。

在这次对乌江流域的考察采访过程中，他同样如此，坚持"以眼代嘴，以腿作笔，不到现场不采访，不见现场不写文"的理念。因此《千里走乌江》的系列报道均以纪实的手法，采用特写、访谈、现场实录等体裁，全方位、近距离、多视角地记录了乌江流域各主要地区在经济发展、改善民生、创新社会管理、文化继承发扬等方面的变革、演进、交流、经验。同时他们也根据武陵山区经济与社会发展中存在的困难，以及需要解决的一些问题，提出了一些思路性的建议。

十年来，《千里走乌江》系列报道经受住了时间的考验。

《千里走乌江》系列报道是优秀的新闻纪实作品。对毕节、清镇、开阳等区县经济发展历程的详尽报道，给人启迪，发人深省，尤其对于渝东南地区来说更是如此。渝东南地处武陵山区，是连片贫困地区，既要发展经济，又要保护生态，如何处理好经济发展与生态保护环境的关系，促使百姓脱贫增收？我相信《千里走乌江》系列报道中所谈到的一些有关创新社会管理、新农村建设、特色农业产业发展、环境治理、农民脱贫致富的经验和方法，在今天仍然是具有借鉴和推广意义的。

《千里走乌江》系列报道是积极响应党中央的号召，深入践行新闻战线"走转改"的具体表现。泽映他们将"走基层"作为躬行"实践出真知"的课堂，急民所急、忧民所忧，在真实反映事实的同时提出了一些好的建议。在行文中，他们用民谣、谚语、熟语、歇后语替代了官话套话，让文章少了"书卷气"，多了"人情味"，拉近了媒体和群众的距离，增进了同人民群众的感情。正是这种"走"的积淀，成为他后来获得第十三届长江奖的基础。这些仍值得更多的新闻工作者学习。

《千里走乌江》系列报道也使我重回"第二故乡",感受到乌江流域的巨大变化。1969年,我从重庆上山下乡,插队落户,就是沿着这千里乌江走进武陵山深处彭水县的。泽映他们笔下的涪陵荔枝园、白涛镇、白马镇、羊角镇、江口镇、武隆县、彭水县城、万足镇、酉阳龚滩、秀山、黔江等等,都是我50多年前一步一步丈量过的穷山恶水。那里曾是国家级贫困县,是重庆贫困程度最深的4个县。即使10年前,在泽映他们笔下,那里仍然是贫困的,紧巴的。2020年,还是《重庆日报》拉上我,重新走进"酉秀黔彭",回到我曾经落户的梅子垭。那里早已没有了泽映他们笔下的贫困。抚今追昔,我实实在在地感受到贫困山村发生的历史巨变。因此,这部著作又可作为千里乌江流域摆脱绝对贫困的重要见证。

读这部著作,也引起了我的许多回忆。

其中有一篇叫《蜀中山水乌江奇》的稿子,记载了一处叫作"龙门峡"的景致。它位于彭水县城以上乌江边一个叫作鹿角沱的地方,诸佛江在这里流入乌江。在离鹿角沱三公里处,有一座龙门峡,堪称乌江上的又一胜景。泽映写道:

这"龙门"高25米,宽20.4米,厚11.6米,为悬崖峭壁上一半月形天然石门,蔚为壮观。以龙门为中心,方圆几里,山形独特,藤蔓垂挂,山花烂漫,众多溶洞乳石奇观引人入胜,若干墨客题咏石刻供人鉴赏，流水绕山穿峡，飞鸟翻飞啾鸣，构成了一组赏心悦目的风景群。这石门以龙为名，源于一民间故事。传说有龙欲从岩壁穿行，以取道乌江，潜回大海。山神发觉后佯装鸡叫，龙闻鸡鸣，疑将天亮，忙挺身而起，不料其尾大难掉，遂将山壁扭出一个半圆形洞门。龙虽受阻，百折不挠，顺山谷贴地拖行，竟拖出了一条诸佛江。游龙门峡，可穿龙门而过，也可横走龙门顶。这里古榕横空，峭壁滴翠。石门右侧，一山突兀，名"汇上"，次第排列龙女峰、和尚顶、马鞍山、伏兔峰等10余峰。站在龙门顶上，检阅群峰，大有"万物俱下我独尊"之感。

描述的就是我当年下乡时不知经过了多少次的"龙门峡"。这也是我见到的有关龙门峡的第一篇游记性文字。不过，50多年前，因为食不果腹，前路茫茫，眼里便不可能有他们今天的闲情逸致。我写的是：

走出鹿角场不久，就到了一处叫"龙门峡"的地方。一座巨大的山崖拦在路上，我们离开马路，沿着旁边一条石板小路，顺着山势向下走，途中穿过一个巨大的崖洞，一直走到山脚下，又才回到马路上来。这时抬头一看，嗬，好一处大开大合的风景哟，又让我们抄了一大段近路。

泽映他们的感觉和我当年的感觉完全不同，这也折射了时代的巨变，肚子吃饱了，穷山恶水就变成了青山绿水。

在我的印象中，这篇文章当年《重庆日报》并没有刊发，一查，这是他们在《千里走乌江》大型采访过程中写的描绘风土人情的随笔。还有多篇游记散见于各处，此次以《乌江画廊》为题，纳入书中一并发表。

文集中还有两篇是有故事的，排在第六部分《乌江浪潮》之首。一篇叫《开窗放入大江来——涪陵市扩大开放风云录》，一篇叫《武陵磅礴走泥丸——黔江地区扶贫开发启示录》，是两篇长篇报道，均发表于1996年10月《重庆日报》的头版上。在那个时候，这些文字曾引起了不小的轰动。因为那个时候，涪陵和黔江还属于四川省。当时，中央刚刚做出重庆直辖的决策，一切都在内部有序推进，媒体是不报道的。作为直辖筹备的第一步，中央决定从1996年9月15日起重庆市代管四川省的万县市、涪陵市、黔江地区，一体运行、相互融合、整体推动。市委宣传部第一次要求《重庆日报》对万、涪、黔这两市一地做一次全面的深度报道。泽映那时还是一个年轻记者，当然冲在第一线，便承担了其中的两篇。或许，这就埋下了15年后"千里走乌江"的种子。

我曾经在意识形态战线上从事新闻宣传管理工作。《千里走乌江》为那年重庆的"走转改"开了个好头。正是亲身参加"走转改"使我感到，"走转改"提高了重庆新闻战线"情系老百姓，心向党中央"的政治责任感和民生情怀；在新闻工作者灵魂深处生成了"走转改"的思想动力机制，提高了"走转改"的自觉性；以真走、真转、真改为突破，将"走转改"的要求体现在新闻生产各环节之中，增强了"走转改"的实效性；以"走转改"主题采访活动为抓手，将"走转改"精神渗透到新闻宣传的各领域，增强了"走转改"的针对性；以建立完善系统的"走转改"人才培养和制度保障机制为重点，使"走转改"逐步地长效化、常态化；也推动了我们努力加强对媒体的规范管理，建立健全了一系列考核制度和办法、措施。重庆媒体管理呈现出主旋律鲜明、舆论导向正确、新闻媒体主动自觉、党委政府充分肯定的良好局面，从而展示了新时期新阶段新闻工作和新闻工作者的崭新形象，积累了改进创新新闻宣传的新鲜经验，也深化了对社会主义新闻事业的认识。因此我曾提出，我们应该珍惜这一次"走转改"活动形成的经验，深化对"走转改"活动的理论认识，进一步探索建立完善"走转改"长效机制。

十年过去了，那些"走转改"的日子仍让我历历在目。我认为，"走转改"是党的宗旨和马克思主义新闻观的题中之义，是新闻工作者的从业本分，是新闻媒体建设、事业发展的根本之策，也是深化新闻改革的突破口。只有深化对"走转改"活动的认识，才能推动新闻工作者回归理性、回归规律、回归本位，坚守职业理想、职业道德、职业精神。建立完善长效机制，首先必须抓住"走转改"活动"情系老百姓，心向党中央"这个本质，培养新闻人政治责任感和民生情怀。要抓领导，"走转改"活动要进一步深化，必须领导带头，亲自策划、亲自写稿、亲自总结。还要做到日常活动与集中活动相结合，形成常态化、制度化，推动理论和实践结合；推动媒体与高校结合，实现理论研究和实践发展的互动双赢。

今天，我们仍然需要走基层、转作风、改文风，就是要坚持不懈地在走、在转、在改的过程中，坚持正确政治方向，坚决做到"两个维护"；坚持正确舆论导向，巩固壮大主流舆论；坚持正确工作取向，始终坚守人民情怀；坚持正确新闻志向，引导人才健康成长。让每一个新闻工作者都成为党的政策主张的传播者、时代风云的记录者、社会进步的推动者、公平正义的守望者。

是为序。

2022年1月1日于十驾庐

周勇，中国抗日战争史学会副会长、中国城市史研究会副会长，曾任重庆市委宣传部常务副部长、重庆市新闻工作者协会主席。

目录

第二部分
乌江画廊

第一部分 ▶

千里走乌江

开篇的话

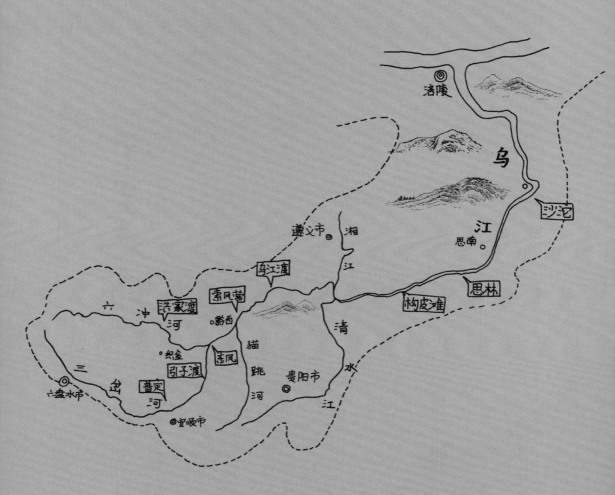

千里乌江，千古乌江。

一条横跨渝黔的名江大川，出乌蒙，穿娄山，斩武陵，吞长江，大气磅礴，浩浩荡荡；起于贵州威宁，止于重庆涪陵，流经46区县，全程1037公里，流域面积8万余平方公里。

乌江，古名巴江，又名涪水、黔江。

有人说，乌江雄奇，号乌江天险；有人说乌江神秘，乃乌江秘境；也有人说乌江秀丽，称乌江画廊。但经济学家说，乌江属贫困极地，它像一条挑夫的扁担，一头挑着大娄山，一头挑着武陵山：全国最大两片贫困区。

乌江，一个矛盾的复合体：富饶，又贫困；强壮，又脆弱；既古老，又年轻；既传统，又创新。

君住乌江头，我住乌江尾。渝黔两地，山同脉，水同源，人同根，如何一起面对贫困与反贫困、大开发与生态环保、区域协调与共同发展等现实课题，同舟共济，双赢互利？

今日起，本报将连续推出记者深入基层、一线采录的大型系列报道——《千里走乌江》，全方位、多视角、原生态再现乌江流域经济发展、社会演进、文化交流等实况与变迁。

让我们携手同行，走进乌江，关注乌江。

2011年9月7日，《重庆日报》第一版

洞天福地活水来

　　刚好是8月的最后一周，网站上电视上连篇累牍报道乌江干旱及污染事件，于是想到了乌江源。

　　兵贵神速。收拾几件换洗衣服，准备了几袋干粮，启程。我们从渝中区发车，一路狂飙，经渝南，越遵义，转大方，过黔西，七弯八拐，十来个小时就到了乌江发源地——贵州毕节。

　　乌江的得名因源出乌蒙山脉，而乌江却有多个源头。

　　大体有南北两源：北源六冲河，南源三岔河，习惯上以南源三岔河为乌江干流。

　　三岔河，发源于云贵交界的乌蒙山脉东麓，源头一说是草海，后经专家考证，确认在今威宁县盐仓镇营洞村石缸洞，海拔2260米。汽车离开威宁草海镇，沿326国道行驶，在约十来公里处的半山腰停下。我们顺着崎岖山道步行，下到沟底，就到营洞村的石缸洞。

　　这洞还真像个石缸，天然岩石围住，成一方正形状，没有人工痕迹，全是天然生成，也许这就是石缸洞名称的由来。

　　出水的洞口并不大，像一个龙嘴汩汩吐水。前方是个两三平方米的小潭，泉水自然地翻下石坎，溅起白白的浪花。这泉水，像矿泉水一样清亮，用手一摸，冰沁沁的。泉塘边有好几株高大、茂密的水杉树、核桃树，就像撑开的巨伞，为游人送来凉爽与清新。

"看那儿，雕刻！"果然，石缸洞在侧面不远处的岩石上，刻有"乌江之源"四字。

住在坡上的一位苏姓老人介绍："这里常有重庆人来探源。"20世纪80年代，四川涪陵师专（现长江师范学院）的十几位师生搞田野考察，当地人才知道石缸洞就是千里乌江的"老祖宗"。这批人1990年8月故地重游，并立了一座石碑，上书："千里乌江行"。

"那块碑也是涪陵师专立的。"洞口的斜对面还有一块方形石碑，上书："吸乌江之灵气，报乌江之恩泽——保护乌江，世代不息。"原来，2000年暑假，重庆涪陵师专发起了以"关注环境、保护乌江"为主题的"千里乌江徒步考察"活动。考察团一行15人，除13名青年教师、学生外，还有宣传部、《涪陵日报》社的记者。队员们沿乌江一路跋涉，了解沿途党政部门有关保护环境、保护资源，走可持续发展之路的政策和措施，并号召大家齐心协力，保护母亲河，共建美好家园。7月7日，考察团抵达乌江源头，便立下了这块环保纪念碑。

听当地人讲，乌江源一带叫"龙山坡"，传说坡上有99股水，有大岩洞、小岩洞、石缸洞、落水洞等。我们顺着石缸洞下行几百米，发

现还有两个井口，右边的叫作黑鱼洞，左边的叫作花鱼洞，花鱼洞因产花鱼得名，黑鱼洞因产黑鱼得名。

这黑鱼洞呀，水要比花鱼洞小些，只是它一年四季都没多大变化，雨季不大，旱季不小。而花鱼洞的水看上去就比黑鱼洞的大，但它一到旱季，就慢慢干涸。"当地的习俗，每年都要祭祀龙井，把龙井奉若神灵，井里的鱼谁都不敢弄来吃。"一位看热闹的彝族小伙子神秘地笑着说。

"乌江源有可能成为旅游景点？"这次，村民们见我们来采访，都非常兴奋。据说每年都有成百上千人来此寻访，有的就住在附近农家。该村现有400多户1800多人，主要种植苞谷和洋芋，年人均收入八九百元，人均吃粮仅300公斤。一个字：穷。乌江源头所在的盐仓镇，清朝康熙年间曾设盐仓府，管辖地域到云南曲靖，可现在落后了。该镇是威宁自治县较贫困的乡镇，16个村26000人，人均年收入不足千元。经济发展滞后的原因主要是地势高寒、土地贫瘠、信息不畅。当地人希望把乌江源头作为特色品牌，吸引更多的山外人来旅游、观光。

政府也有此意。县里明确要打造乌江源这张生态旅游牌，并列为建设重点。威宁县地处珠江水系和长江水系的分水岭，是乌江和珠江源头地区。针对一度水土流失严重、生态环境恶化的现象，县里投资上千万元，对乌江源头数十公里区域进行了综合治理。几年下来，在乌江源头开山造林19000亩，退耕还林2000亩，坡改梯18000亩，生态环境明显改观。

如今的乌江源头，已呈现出一派山清水秀、鸟语花香的喜人景象。正所谓："问渠哪得清如许，为有源头活水来。"

2011年9月7日，《重庆日报》第一版

毕节：从试验到经验

我们从赫章县的妈可公路分路，进入辅处乡兴旺村的一个彝族寨子。寨里有一口井，人称兴旺龙井。井水漫过井口成为小溪，一路东流，渐成大河，这就是乌江北源——六冲河，一条横贯毕节全境的母亲河。

毕节地区位于黔西北，从地理条件来看，是集中的喀斯特地区，而湍急的河流带来的是地貌破碎，土地贫瘠，交通不便。贵州省有13万平方公里的喀斯特地区，占全省面积的73%，而毕节的喀斯特地区又占贵州省喀斯特地区的73%左右。

出于自然、历史等原因，毕节长期处于贫穷落后状态。1985年，新华社《国内动态清样》的一篇报道写道："在赫章县河镇乡海雀村3个村民组察看了311户农家，家家断炊。苗族老大娘安美珍瘦得只剩枯干的骨架支撑着脑袋，一家四口人，丈夫、两个儿子和她，终年不见食油，一年有3个月缺盐，4个人只有3个碗，当时已经断粮5天。"笔者在赫章县采访，搜集到当年的一首民谣："好个大坪子，荞麦过日子，要想吃顿苞谷饭，除非婆娘坐月子，要想吃顿大米饭，只等下辈子！"

1987年，毕节地区8个县有6个属于国家级贫困县，农村贫困人口

300多万，人均粮食年产量不到200斤，农民人均纯收入仅184元，是贵州最贫困的地区之一。

在一间简陋的招待所里，长期从事黔北、黔西北区域经济社会研究的贵州省社会科学院研究员王兴骥接受了记者的采访。他介绍说，时任中共贵州省委书记的胡锦涛，面对经济、生态、人口三大问题，经过深入调研，决定选择毕节率先进行改革试验。1988年，贵州省在此建立"开发扶贫、生态建设"试验区，不久得到国务院批准，成为全国第一个贫困地区改革试验区。

起初，资金、物资、技术、人才缺乏，理论上准备不足，实践上也无前人的成功经验可借鉴。面对"开发扶贫、生态建设、人口控制"这样庞大而复杂的试验主题，试验区首先采用分解难点、建立试验小区等做法，尽量减少改革风险。

"在开发扶贫方面，主要试验推广了小额信贷扶贫制度。先摸索，后推开。仅'九五'期间，全区投入的小额信贷资金就覆盖了177个乡镇2957个村，使近17万贫困农户50余万人直接受益。"黔西县委原宣传部部长黄策回忆说，"小额信贷创造了一种既能激励借贷人增加经济收益，又能保证资金运用安全的信贷制度，成为利用金融手段推进扶贫工作的主要方式。"

生态建设是试验区发展的重头戏。全地区602万亩耕地中，90%是挂在陡坡上的旱地，水土流失相当严重。于是，小流域综合治理试验诞生了，黔西县永兴彝族苗族乡的干沟最典型。干沟以综合治理为基础，开展以坡改梯为主的基础农田建设、退耕还林、开发绿色产业等试验，实现了土地的合理配置，提高了土地的产出率，促进了对水土流失的有效治理。

人口膨胀是试验区又一课题。部分群众"多子多福""养儿防老"的传统观念根深蒂固，导致人口数量难以控制、人口素质相对低下，陷入"越生越垦、越垦越穷、越穷越生"的怪圈。后来，"人教挂钩"这个名词出现在了试验报告中。毕节地区在各级各类"普教"和"成教"中加大了计划生育宣传力度，通过教育从根本上转变群众的生育观。"要致富，少生娃，多栽树"的标语一时间挂遍大村小院，也深深印在了当地人的脑海里。

正是牢牢把握这三大主题，毕节地区一步步走上了脱贫路。20来年的时间，毕节的经济总量翻了五番，增长了33倍，贫困人口从312万人减少到32万人，实现了从普遍贫困到基本解决温饱的转变。

"毕节模式的基本经验，就是紧扣开发扶贫、生态建设、人口控制这三大主题，坚持开发与扶贫并举、生态恢复与建设并进、人口数量控制与质量提高并重。"王兴骥研究员介绍说，"在发展过程中把经济、自然、社会看成一个有机整体，考虑三者之间的协同和平衡，这正是一条科学的可持续发展之路。"

此话不假。我们这次在织金、黔西、金沙县采访，一路上，但见青山绿水，牛羊成群，农房翻新。今非昔比，令人感慨万千。一幅毕节新农村的壮丽画卷出现在新民谣里："荒山变青山，收入翻了番；油灯变电灯，吃水不用担；小病不出村，学校大改观。"

毕节试验区的改革经验正在更大范围落地生根，开花结果。

2011 年 9 月 8 日，《重庆日报》第三版

屯堡犹存大明风

　　真是不可思议。在21世纪的今天，贵州安顺石头房子里居然聚居着好几支古时屯堡军户的汉族后裔。他们的语音、服饰、民居建筑及娱乐方式与周围村寨迥异，仍然保持着600年前的"大明王朝"的规制、习俗。这一独特的文化现象，贵州人称为"屯堡文化"。

　　从六盘水沿三岔河下行，我们来到"黔之腹，滇之喉"的安顺地区。当地人一说起屯堡来如数家珍：平坝县的天龙屯、吉昌屯、白云庄，西秀区的鲍家屯、云山屯、麒麟屯、九溪村。

　　当历史回溯到明洪武年间，大明皇帝朱元璋为加强边疆地区的统治，在江浙招募士兵，让他们携妻带子进入贵州。这批大兵，居住在专门设置的卫所里，战时出征，闲时屯垦，亦军亦农。当时卫所广布全省，军户达数万人。沧海桑田，许多卫所设施伴随历史的远去而灰飞烟灭，但安顺一带至今还保存着一些屯堡遗迹。

　　走进天龙屯堡，就像进入石头博物馆。"石头的路面石头墙，石头的瓦盖石头房，石头的碾子石头磨，石头的板凳石头缸。"石砌的寨门刻有对联：源出江淮六百年耕戍田陇（垄），枝发云贵三千里守望家山。依山傍水建造的一栋栋石头房屋，左右相连，错落有致，太美了！

一群花枝招展、妩媚动人的盛装少女，从街上走过，惹得游客们争相观看。宝蓝色的宽衣大袖，大衣袍长及膝下，领子、袖口、前襟边缘皆镶有流绣花纹，腰间以两端垂于膝弯部的织锦丝带系扎。她们是导游小姐，但看上去像古装模特。

"我们的祖上是明朝应天府移民，屯堡人的服饰现在仍保持祖制。"扎着马尾辫的小沈姑娘大方地给我们作解说。

"买花豆，买花生啰，"前边是一排摊位，只见几位头裹白布、耳挂银环的妇女正大声吆喝着，"腊肉、香肠、血豆腐，糍粑、糕粑、苞谷粑。"看那装扮，听那嗓门，断是屯中的"军嫂"了。

"猜对了，"小沈说，"屯堡人用'头上一个罩罩，耳上一副吊吊，腰上一把扫扫，脚上一对翘翘'来形容已婚女子。"

徜徉在古朴而悠长的狭街窄巷里，仿佛正在穿越时光隧道。这里是真正的城乡接合部：这边在开银庄、画店，那边在晒苞谷、黄豆。汽车摩托轰鸣，鸡犬之声相闻。奇特的屯堡文化和美丽的自然风景，使天龙屯堡具有独特的旅游价值。

屯堡人讲起了发展乡村旅游的历程：1999年，由平坝县供销社员工陈云出资成立"旅游开发筹建组"。2001年，由陈云、县建行职工郑汝成及贵阳风情旅行社负责人吴比等人投资100万元组建了"天龙旅游开发投资经营有限责任公司"。

公司与镇政府、村委会达成协议：政府同意授权经营50年，公司作为旅游企业负责开发经营；镇村组建"屯堡文化保护与开发办公室"，主要负责规划协调；旅行社负责开拓市场，组织客源；村民自发成立的旅游协会，组织村民参与地戏表演、导游、工艺品制作、提供住宿餐饮服务等工作。

天龙旅游就是"政府+公司+旅行社+农民旅游协会"的发展模式。由于充分调动了各方的积极性，当地乡村旅游迅猛发展。开张第二年，屯堡旅游综合收入达1000多万元，政府旅游综合税收共计100多万元，旅游公司直接门票收入300多万元，各旅行社总收入700万元，农民旅游协会收入30多万元，农户户均收入超过1万元，人均收入2180元，比开发前净增收入420元。

天龙乡村旅游模式所产生的效益是村民们始料未及的。随着乡村旅游业的升温，一向清净、淡定的天龙屯堡热闹起来，而600多年来祖祖辈辈"手拿锄头把，犯事也不大"、靠农耕为生的屯堡人开始了半工半商的生活方式。开银店的，搞雕刻的，卖古装绣花鞋的，样样都来钱；负责为游客演地戏的"军夫"们，每月可从公司领到千儿八百的薪水；利用屯堡民居开设"龙眼旅社"的郑培秀，成了贵州省"万户小老板工程"支持户，每年仅接待游客食宿就能收入几万元……

石板路边有一块诗碑，似乎浓缩了天龙的变迁史："应天策马驰黔中，戍边息戈重商农；烽烟远逝屯堡韵，千载犹存大明风。"

2011年9月9日，《重庆日报》第三版

四在农家，好在农家

　　从瓮安进入余庆，突然间仿佛进入了一幅"村在景中，人在画中"的美丽乡村画卷：以小青瓦、坡屋面、穿斗式、转角楼、雕花窗、白粉墙为主要风格的黔北"乡村别墅"随处可见，通往农庄的道路几乎全部硬化，走在乡间的道路上，你还可不时见到马路边的文化亭、公共汽车站……

　　乡村美景源于余庆县十余年的"四在农家"探索。这也是在建设社会主义新农村中，该县发展出来的"升级版"。

　　提起"四在农家"的发源地，人们都会说是罗家坡。罗家坡过去是远近闻名的穷旮旯。"远看秃岭荒坡，近看老树几棵，到处是干烧地，井水不够一家喝；种苞谷似草，栽烤烟如蓑，吃的杂粮野菜，住的是柴棚草窝。"这是20世纪70年代当地人的真实写照。

　　这坡上住有17户人家，都姓周。1982年，有点文化的周修平当了组长，硬性规定一条：住在山上的人只能栽树，不能砍树，谁砍了就罚谁的款。他年年从林业部门要来树苗组织群众栽植，还组织村民学技术学知识。此后，罗家坡一年年变绿了，村民也一天天富起来。

　　1994年，周修平任满溪村支书。他又发动大家自发集资13万元，投劳5000余个，对房前屋后进行硬化、美化，家家户户安装了程控电话、闭路电视。"山清水秀渠常流，绿树红果满枝头。庭院干净环境美，民居好似别墅楼。公路通到寨门前，自来水往锅里流。电视电话进农家，时代信息在手头。"当地人的新生活过得美滋滋的。

罗家坡的巨变引起了上级的注意。2001年，县里派工作组取经，总结出四四十六个字，即富在农家、学在农家、乐在农家、美在农家。富在农家，就是引导农民勤劳致富、增加收入，过上殷实生活。学在农家，就是引导农民学科技、学文化、学法律，提高素质。乐在农家，就是在农村不断为群众开展丰富多彩的文化生活，让农民享受文明成果。美在农家，就是着眼于人与社会、人与自然的和谐，讲文明树新风，建设和谐美丽的新农村。

于是，"四在农家"创建活动在全县迅速推广。该活动以引导农民增收致富为前提，以农村一家一户得实惠为根本，以"四有五通三改三建"（有一条增收致富的路子、有一门以上的生产技能、有一幢够住整洁的住房、有一套适用的家具和电器，通水、通水泥路、通电、通电话、通广播电视，改灶、改厕、改善环境，建图书阅览室、建文体场所、建村务政务公开宣传栏）为切入点，引导农村走文明发展、发展文明的小康之路。

"四在农家"创建活动顺应了农民"求富、求学、求乐、求美"的强烈愿望，政府引导和帮助农民改造住房，并同村庄整治、改善人居环境相结合，顺应了民意，受到了欢迎。十余年来，余庆县

财政投入"四在农家"创建活动的资金逾6000万元，拉动群众投入超过6亿元。截至目前，余庆县已建成"四在农家"创建点478个，具有"农民别墅"之称的黔北民居新型村寨177个，1.9万余户，受益人口达19万人，占全县农村人口的90%。

8月29日，记者路经余庆县构皮滩镇，想看看农民究竟如何富学乐美。永兴村太平社区公路旁，建有一座休闲亭，六檐六柱，古香古色，名"文峰亭"。马路对面是一排非常漂亮的现代化厂房，走近一看原来是烤烟车间。余庆县烟草公司的张琪称，烤烟车间由公司投资修建，产权属于村里，使用者是种烟的农户。"今年因为干旱，我家烤烟的产量比往年减产一半以上，烤烟收入可能只有2万多元。"正在烤烟的当地农民黄井冈说，"我们这里的老百姓主要就是种烤烟，收入大多都不错。"

"四在农家"不仅让农村老百姓的荷包鼓起来，也让城市资本不断下乡。构皮滩镇向阳村的银平山庄老板冷东平就是从城里来的，他也干起了"农家乐"。山庄是冷东平从布依族农民廖新秀手中租赁来的，已经营了两年多，一年租金4000元，除掉租金后年收入也有好几万元。像这样的"农家乐"村里有几十家。

看来，余庆的"四在农家"是真家伙。而且，这经验如今还"火"出了市界省界。据不完全统计，先后有33个省区市的1500多个代表团5万多人来余庆参观、考察、学习。今年2月，中央电视台《焦点访谈》栏目组深入余庆县，采访报道了"四在农家"给当地人带来的幸福生活。余庆农民算是过了把"明星瘾"。

2011年9月11日，《重庆日报》第三版

信用比金子还值钱

　　出安顺，经织金，入清镇。离红枫湖不远的山头上，立有一块巨幅广告牌："清镇，贵州农村信用评级的发祥地。"

　　"讲诚信能够得到政府扶持，讲诚信能够得到银行贷款，讲诚信能够得到龙头企业带动。""勤劳是银，诚信是金。"沿途，类似的宣传标语时常映入眼帘。

　　信用是什么？信用能带来什么？带着这一疑问，我们试图从沿途的一些随机采访中找到答案。汽车经过猫场、马场、牛场后，进入清镇市犁倭乡乡场。

　　"停！"我们下车后，径直奔向场口的一家种子店。

　　"老板，生意好不？"

　　"一般般，一年才赚1万来块。"种子店老板王金平有点谦虚。

　　"你这些种子有假没有？"

　　"假？假一赔十。我们的种子店，市农委都要备案，查到起不得了。政府提倡大家讲诚信，信用高，今后才好贷款办事，我也不想为了一点儿小芝麻丢了大西瓜。"

　　说西瓜，见西瓜。离乡场不远，公路边有一西瓜摊。一问，老板是柿花村的农户，姓杨，西瓜是自家种的。以往听说过，贵州一大怪，鸡蛋串起卖。

"老板，西瓜咋个卖？"我们试着问。

"过秤，无籽瓜2.5元一斤，有籽的1.5元一斤。"

"莫耍秤哦！"

"放心，我们小老百姓讲诚信，信用比金子值钱。"

据了解，近些年来，清镇市以培育诚信农民为切入点，按照政府、企业、农民"三位一体"共同发展农村经济的思路，在贵州率先推行农村信用体系建设，打造诚信政府，铸造诚信企业，塑造诚信农民，营造诚信的市场环境。

此时，已是当日下午3点。得知记者一行还没有吃午饭，西瓜摊老板热情地建议我们到对面的农家乐吃饭："那儿不宰人，实在得很。"

顺着瓜农手指的方向，在前方大约800米处，是一排非常现代而又具有乡土风情的农家小屋建筑群。

农家乐院子里面挂了一串红灯笼，院坝边上栽满了指甲花、向日葵、美人蕉。农家乐的堂屋正门上方，钉着一块"四星级信用农户"的小牌子。

见有客人来访，主人李庆红赶紧出来迎客。

一年前，李庆红与夫人还在贵阳开饭馆卖牛肉粉。"在贵阳做生意，起早摸黑很辛苦，"李庆红说，"房租、水电、物料成本一除，一天才赚一两百元。"

后来李庆红转出餐馆回到老家，"听说有家大型国有企业要到村里开发，这是机会，所以我就回乡创业了。"

正逢柿花村在搞新农村建设，李庆红赶紧把旧房屋进行改造、维修，并新建了一些房间。李庆红指着自己的20多间房子对记者说："屋顶和外墙立面都是政府补助来统一做的，你看漂不漂亮，很多人都说像欧洲的别墅，你觉得呢？"

"修房子贷款没有？""贷了六七万元！"

"要不要抵押物呢？""不需要，我的信用远远不止贷这点钱。"

李庆红说的信用就是他家堂屋门枋上那块"四星级信用农户"牌子。"我的信用已评上五星级了，牌子还没有来得及更换呢。"

李庆红边弄饭边闲聊：星级农户的评选，是由镇、村、社等组成的人员通过开大会、走访调查，针对农户的实际情况作出的公正评价。凭这个结果，到信用社贷款就不需要担保。五星级农户可以贷款20万元，星级越低贷款越少，最低贷款1万元。如果贷款后不及时还款，五星级就要变四星级。"现在，我们这里的老百姓对星级农户评选看得很重，评不上还要被人笑话呢。"

不用说，农家乐这顿饭又可口又够味，物美价廉。

清镇市农业局长周厚军介绍，开展诚信建设，破解了农村信贷难题，还实现了三大变化：农民朋友的腰包逐渐鼓起来了，农村基础设施建设得到夯实，以诚实守信为荣、见利忘义为耻的社会风气逐渐形成，农村社会进一步走向和谐。

去年，清镇市评定了180个诚信村，1250个诚信村民组，20家诚信龙头企业，95%的农户被评为诚信农户，还有4个乡镇被命名为省级信用乡镇。今年4月，贵州省在清镇召开了农村信用现场经验交流会，清镇人可风光了。

2011 年 9 月 13 日，《重庆日报》第五版

千里乌江第一镇

　　三岔河与六冲河于化屋基汇合，称鸭池河，而后朝东北流经黔西、修文、金沙、息烽、遵义，至乌江渡后始称乌江。

　　8月26日，我们抵达遵义县境，来到了千里乌江第一镇乌江镇。

　　乌江镇的前身为乌江渡。乌江渡何时成为交通要道，这个问题一时难以回答。当地的一位老人说，明代时就在乌江设立乌江驿站，并常年驻有铺兵。历经数百年更迭，1992年9月建立乌江镇。

　　这是一座因水而兴、因鱼而旺的江边小镇。小镇及居民的命运更迭，似乎均与江相连。从贵遵高速乌江渡下道出收费站后就是中大街路口，迎面而见的是一排排修葺一新、极具民族特色的美食街鱼庄。红色经典、胖妹酒楼、华商酒楼等餐饮店的门口，停满了远道而来的旅游车。

　　顺中大街往下大约3公里的地方，就是乌江镇的所在地。横跨公路的"乌江渔港"牌坊提醒着每一个远道而来的客人：不食乌江鱼，枉来贵州旅。

　　瞧，街道两旁的数十家大小饭店，推出的主打招牌菜几乎都是"乌江豆腐鱼"。据说，每天到乌江渡的旅游车大约80台，要消费掉两三千公斤鲜鱼，按每公斤160元算，一天仅鲜鱼就要卖40多万元。

从乌江渡大桥下逆水向上大约2公里的地方，就是乌江上游的第一个枢纽电站工程乌江渡发电厂。1970年动工，1979年第一台机组发电，1983年全部建成乌江渡发电站。这是我国在岩溶地区修建的第一座大型水电厂。

乌江渡电站保安中队的中队长吴安书是在乌江边长大的当地人。"我在乌江边生活了几十年，发生在这里的大小事情都晓得一点。"吴安书说，"我亲历了乌江镇近四十年来的变化。"

过去，那里的老百姓穷得哭。修电站后，对当地老百姓的影响蛮大，有不少人在电站上班不说，更重要的是电厂带动了旅游，好多人都来耍。这不，沿途开餐馆卖"乌江豆腐鱼"的老板都发了，身家几百上千万的人不少。

刘力祥就是"发"了的一位，他现在乌江渡大坝水库经营"水上人家"。

满脸络腮胡的刘力祥，人厚道，不善言辞。从毕节来打工的餐厅服务员彝族姑娘李梅说："但老板嘴笨脑不笨，点子多着呢。"

刘力祥也乐于讲述自己的经历：1972年出生于水库大坝旁边的一户农家，属于大坝移民。20世纪90年代初，镇上成立了旅游公司，他成为公司的第一批员工。除了做导游，他还大起胆子花2万多元买来一艘游艇，成为经营库区水上生意第一人。

一心想把产业做大做强的刘力祥，觉得仅经营一艘游艇来钱太慢，于是中途转行到贵阳卖煤炭，想多挣点本钱。但是，乌江的那河水依旧是刘老板心中的牵挂。于是两年前，他重回乌江渡。

这次刘力祥搞大手笔了，现款加贷款，投了800万元，请赤水轮船公司造了一艘餐饮船。船停大坝水库，专卖"乌江豆腐鱼"。与此同时，游艇也增加到了10来艘。"生意好的时候，每天可以卖1万多元，差的时候也有两三千元。"他还养了一大堆观赏鱼，贵的要卖几万元一条，加起来要值上百万元。在刘力祥眼里，"水上人家"生意这回算红红火火了。

吃鱼的人多了，养鱼的人也逐渐增多。刘老板驾驶快艇，带我们见识了在乌江大坝水库里网箱养鱼的壮观场面。震撼！从水库大坝到乌江上游的两河口，几公里长的水库两岸，养鱼的网箱一个连一个。刘老板站在快艇上，指着漂浮在水面的养鱼网箱说："养鱼老板有本地的，也有四川和云南过来的，光这一段水面就有上千个网箱。当然，有赚几百万的，也有赔得惨的。"

来自四川内江的养鱼人夏开荣就碰上了这样的事儿，由于江水受上游的化工厂的污染，去年他养的鱼大多中毒死亡，亏了几十万元。夏开荣的损失还算小的，同样在去年，其中一个养鱼老板，死亡的鱼就有上百万斤。

见多了发生在这条江里的喜怒哀乐，刘力祥曾经有过见好就收的想法。"但思来想去，还是留了下来。乌江渡的风土风光太诱人了，在这里做生意，实在是如鱼得水！"

2011 年 9 月 14 日，《重庆日报》

息烽：红色旅游烽火不息

离开乌江渡沿贵遵高速前行，大约40分钟便进入息烽县。县城干净整洁，宽阔的街道两旁，到处张挂着红色的标语牌。

第一次知道息烽，大约是20年前从同学那里借来的一本故事书。书的内容是讲述许多共产党人在息烽集中营遭受的种种非人折磨，以及如何英勇机智进行斗争的故事。书的封面就是集中营大门的一幅照片。

那时，息烽集中营的故事看得人热血沸腾，但对息烽的认识依旧模糊。20年后，"千里走乌江"到息烽县采访时，我们得以近距离触摸那段令人震撼、让人无法忘却的历史。

息烽地处川黔要道，历来是兵家必争之地。有苗族、布依族等17个少数民族，南连贵阳，北接遵义。息烽县由崇祯皇帝赐

名，取"息息相关，烽火永靖"之意。但真正让息烽出名的，却是一座魔窟式的监狱——息烽集中营。

息烽集中营，位于息烽县城关6公里外的阳朗坝，本部建于1938年11月。其前身是国民党南京陆军监狱在此设立的秘密机构。集中营分为两部分，即阳朗坝本部和东北面约7.5公里的玄天洞囚禁处。

下午3点，火辣辣的太阳炙烤着大地。走进有全国爱国主义教育基地、全国100个红色经典景区、国家级3A景区等殊荣的息烽集中营革命历史纪念馆，我们的第一印象是这里的红色旅游比天气更加火爆。纪念馆的停车场上，停放着一排又一排的几十辆旅游大巴，游客分别来自贵州、湖北、重庆、四川、云南等地。广场上，成百上千的小学生、中学生以及党员干部们，正排着长队为牺牲的英烈敬献花篮。无论是展厅，还是旧址，参观者几乎爆满。

草坪南侧是集中营纪念馆。馆中设有"四·一"合作社、特斋、原军统食堂等设施模型，纪念活动场、影视声像教育馆，陈列有从重庆、成都等12省市搜集的有关1946年息烽集中营撤销时转押去重庆白公馆和渣滓洞的72名被关押者的图片等资料。一系列丰富的文献向人们详细地述说着那段血雨腥风的往事。

"今年是中国共产党成立90周年，也是红色旅游最热的一年。从1月到7月，我们已接待游客70多万人次，平均日接待人数超过3000人，最高一天的游客接待量超过了2万人次。"息烽集中营革命纪念馆办公室主任穆念说，"在刚刚召开的全国红色旅游工作会议上，息烽集中营革命历史纪念馆被授予全国红色旅游工作先进集体称号，该馆馆长杜兰江荣获全国红色旅游工作先进个人称号。"

"但与重庆相比，息烽红色旅游的综合开发利用还是差了一大截，重庆的红岩联线已经走出了一条盘活红色文化资源、发展红色文化产业的成功实践之路。"解说员出身的穆念谦虚中带有机灵。

在她眼里，无论是息烽还是重庆，所拥有的红色文化资源都有非常好的共同开发的基础。抗战时期，国民党军统设立了3所秘密监狱，关押和残害革命志士。一是重庆望龙门看守所，二是重庆白公馆、渣滓洞监狱，再就是息烽集中营。这三所秘密监狱中，息烽集中营是规模最大、管理最严、等级最高的一所。所以当时在军统内部称望龙门看守所为"小学"，白公馆监狱为"中学"，息烽集中营为"大学"。军统抓的人先经过"小学"和"中学"关押审理后，案情重大的才送到息烽集中营，叫作"升学"。

穆念介绍说，在发展整合红色旅游资源方面，重庆红岩联线已经为息烽做出了榜样。她早就期待川渝黔三地联手，实现红色旅游资源共享，并打造出一条从广安至重庆至遵义、息烽、赤水的最佳红色旅游经典线路。这样做，不仅仅是构建一条纯粹的红色旅游线路，重要的是在更大的范围内传播、弘扬先辈们的革命精神，让红色的烽火永不熄灭。

8月17日，重庆与贵州方面签署了一揽子合作协议，其中就包括整合重庆红岩联线和贵州遵义、息烽、赤水等红色旅游线路，共同挖掘开发大娄山以及乌江旅游资源方面的内容。

穆念的期待又近了一步。

2011年9月16日，《重庆日报》第七版

三阳开泰与一枝独秀

　　开阳地处黔中腹地，位于连接贵阳与遵义两大城市的次中心区域，乌江沿境北而过，区位优势明显。

　　开阳县资源丰富，有磷、煤、铝、重晶石等30多种矿种，尤其是磷。已探明的磷矿石储量4.43亿吨，其中优质磷矿储量达4.28亿吨，高品质的富矿占全国储量的2/3。难怪业界有此一说：贵州开阳、湖北襄阳、云南昆阳，因磷矿资源富集齐名，号称"三阳开泰"。

　　可很长一段时期，开阳磷化工却在走弯路。该县磷化工产业仅处于简单粗加工生产黄磷水平，优矿低用，附加值不高。而一些矿山争夺资源、乱采滥挖，严重破坏了生态环境。开阳人品尝过掠夺式开发带来的苦果：1995年6月24日，一场洪水席卷了洋水河流域，给金中乡镇企业及辖区内的开阳磷矿造成了数亿元的财产损失和17人死亡。损失惨重！

　　如何将矿产资源优势转化为经济优势？如何有效地做到合理开发、利用和保护优质磷矿资源？

　　落后的产业状况促使开阳人思考和探索工业战略转型。

　　县里组织干部分赴云南、四川、江苏等地学习取经。"减量化、再循环、资源化"的新经济发展理念在决策层渐成共识：实施循环经济，发展新型工业，是开阳磷化工产业发展的必由之路。

一个富有创意的构想出生了：实现磷煤氯碱共生耦合，把产业链纵向延伸和横向拓宽纳入基地建设。2003年底，经县委、县政府申请，贵阳市出面委托清华大学对开阳循环经济进行论证规划。"2004年6月，规划获国家环保总局批准，开阳被定为全国第一个磷煤化工（国家）生态工业示范基地。"县里的领导至今记忆犹新，"基地共分为煤化工、磷化工、氯碱化工、甲酸工业等七大园区。"

招商工作随即展开。开阳县分别向正在贵州谋划发展的全国500强企业山东兖矿和贵州开磷集团发出邀请函。一煤一磷，优势互补，两家企业一拍即合，一个投资30亿元的合作项目很快就签字敲定。

接着，徐州国化、浙江嘉化、赤天化、瓮福、西洋……一家又一家企业巨头斥资开阳。2005年，仅开阳县磷煤化工循环经济十大实体项目，招商金额就达85亿元。

开阳成了循环经济的试验场。

作为工业园的龙头企业，开磷集团不仅在排放上做文章，更是在"工业三废"的再利用上下大功夫。利用磷石膏、黄磷炉渣，开发出包括新型磷石膏砖在内的系列新型建材产品，有效解决固体废弃物。同时开磷还有效解决了废水、废气的循环利用。在磷煤化工基地新建的污水处理站，每年循环利用工业废水1100万立方米。

在双流镇的甲酸工业园，一条写着"新强化工欢迎您"的大红横幅挂在公路上方，路边围墙上写着"发展循环经济，建设资源节约型社会"。新强公司属民营企业，其综合利用黄磷尾气年产2万吨甲酸的项目，当初被列入国家高新技术产业化示范工程、国家火炬计划。通过几年的艰苦攻关，关键技术取得突破，项目现已成功投产。

公司技术人员告诉记者，开阳黄磷尾气综合利用项目还有好几个，年可回收利用黄磷尾气1亿标立方米，减少CO_2排放25万吨，减少SO_2排放301吨，增创产值10多亿元。此外，在废水利用方面，所有磷化工企业均已实现用水密闭循环，每吨黄磷节约用水30吨，每年节约用水200余万吨。

开阳用循环经济理念重塑磷化工工业的历程和形象。正是在循环经济发展的指导思想下，开磷集团、开阳安达磷化工有限公司等16家规模以上企业迅速成长壮大，2010年共实现工业产值84.6亿元。

开阳，初步搭建起全国首个磷煤化工生态工业示范基地的基础平台，并一枝独秀，成为全国最大的磷化工基地。

循环经济，推动了生产，也改善了环境。如今，走进开阳，到处是山青青，水蓝蓝，绿树成荫，花团锦簇。一直在金中、双流上空熊熊燃烧的几十炬黄磷尾气火把，已成了当地人的回忆和传说。

一个现代化的大型磷煤化工生态示范基地——中国绿色磷都，正巍然屹立在贵州大地。

2011 年 9 月 18 日，《重庆日报》第四版

夜宿瓮安话平安

出于安全方面的考虑，8月28日那天，我们原计划在天黑之前赶到瓮安县江界河大桥，采访当年红军强渡乌江的渡口。

瓮安县地处乌江中游。夏朝属梁州辖地，唐代置瓮水长官司，明时建县。居住着汉、苗、布依等22个民族，人口45万，是一个典型的老、少、穷区。2008年6月28日，贵州省瓮安县在少数人煽动下，发生了恶性群体性事件，一度干群关系紧张，百姓安全指数急剧下降。瓮安县从此名声在外，当然不是好名。

经历"6·28"事件3年之后的瓮安，现在情况怎样？"瓮安啊，乱。""把细点哟，听说棒老二抢人！"还没到瓮安，路人就这样提醒。

进入瓮安县境，已是傍晚7点。天黑了。沿途经过一个镇，叫中坪。街道很窄，灯暗，人少，感觉不对劲，闪。

晚上9点左右，到渔河镇。此镇还不算太偏僻，人来人往，偶尔见小商小贩在做生意。贵州人晚饭吃得早，过了这个村，恐怕就没这家店了。下车，进店，点菜。胖厨师挥着菜刀问："咋个吃法，淡，还是辣？"我们赶忙说："随便。"不一会儿，菜上来了：家常豆腐、回锅肉、泡椒肉丝、猪肝汤。我们实在饿极，一阵猛吃。饭毕，喊结账。"一共43元。"女老板说。我们大吃一惊，原以为要被狠狠宰一刀，"这么便宜？"女老板说："本店薄利多销，不坑人。"

　　该镇无旅社，继续赶路。到玉山镇，当地人说，前边龙塘镇可能有住地。到了龙塘镇，街上人说，几公里外江界河渡口有家幺店子。过去听说，这一带"黑社会"猖獗，"玉山帮""菜刀帮"出了名的，防着点好。

　　赶到江界河已是晚上10点半。向右转，经过一农家聚集区，车子驶入一条泥泞路，进退两难。四周伸手不见五指，右边是万丈深渊。司机小蒋死活不愿向前开了，"要是遇上路匪，全完。"可能路搞错了，回撤。

　　此时在江界河大桥的桥头，有些零星亮光透出。用木头、石棉瓦搭建而成的几家简易小卖部还在营业。经营小卖部的都是当地人。今年45岁的王振荣，是修建乌江构皮滩电站搬迁出来的移民，家就住在江界河大桥旁边。她热情地招呼我们。

　　与桥头小卖部相距50米的地方，就是原红灯笼渔港，是这个区域内稍好一点可以食宿的地方。"店名有点不对劲，又是黑灯瞎火，会不会是孙二娘开黑店？""不会了，不会了，那是从前。"王振荣边说边在笑。

　　原红灯笼渔港，是在江界河道班的老房子基础上改建而成。王振荣说，以前的老板在"6·28"事件中，因涉黑被抓走了，至今还没有出来。帮他烤羊的"丘二"是重庆人，老板被抓后，他也溜之大吉。

　　现在渔港改名红军渡渔港了，老

板叫王文昌，小名王猪儿。请了一个帮忙的，叫赵有鹏，小名赵猪儿。两个"猪儿"都是男的。

"赵猪儿，来客了！"站在桥头，王振荣朝对面的渔港使劲喊话。

赵猪儿接待了我们，因为没客人，他本来已睡了。偌大的一个住宿地，今晚住店的客人就我们三人。周围是森林，风吹树响，阴森森的。

因为干旱，旅社的用水极为紧张，无水洗澡、冲厕，水管中出来的漱口水呈腥臭味，里面还漂浮着几丝青苔。

赵猪儿说，水是从很远的地方运过来的，60块钱一立方米。标间80元一晚，洗澡另交40元。不过一晚上不洗澡没得啥子，这里凉快。

这一夜，我们在担心和警惕中度过。

第二天，我们起个大早。王振荣更早，她正在卖早点。继续聊天。

"我在桥头做小买卖已经几年了。主要经营面条、米粉、零食等。"王振荣说，"生意还马虎，一个月赚三四千块钱。"

"现在做生意的环境比以前好，没有人捣乱了。"在王振荣隔壁卖水果的黄选琴说，这两年，县上狠抓了治安，大大小小十多个黑帮都被灭了，老百姓有了安全感。电视上说，省里上回来调查，瓮安群众安全感满意率为95%，名列贵州省第四、黔南州第一呢。"看，我们娃儿大小都夜宿在这路边店，安全着的。"

黄选琴的爱人姓向，他说，政府也更注重民生，千方百计为群众办事情。今年天干，干部下来帮助抗旱救灾，大家心里踏实。说话间，一辆送水车从公路上驶过，车屁股还贴着标语："抗旱保生产，抗旱保民生，抗旱保稳定。"

瓮安，看来是我们多虑了。

2011年9月19日，《重庆日报》第三版

品牌·名牌·王牌

没到湄潭县，还真不知道西部茶乡的气派：十里茶廊，千家茶店，万亩茶山。

湄潭是著名的茶乡，该县种茶历史已有2000多年之久，唐代茶叶大师陆羽所著《茶经》中曾有记载："黔中，生思州、播州、费州、夷州（今湄潭）……往往得之，其味极佳。"民国年间，中央桐茶研究所设在湄潭。抗战时期，浙大西迁在此设立湄潭茶叶中学。建国以后，国营湄潭茶场、贵州省茶叶科学研究所相继在湄潭落户。

但由于过去不重视品牌培育、保护、推广，所产茶叶大都作为茶青销往江浙一带，被别人一包装就成了品牌货。"茶农得小利，加工得大利，茶商得暴利"的不合理现状，严重挫伤了湄潭茶农的积极性。

"近年来，县里扎实推进以培育、扶持、发展为核心的商标战略，实施商标富农工程，引导企业运用商标战略参与市场竞争。"永新茶场职工经营部的刘德波很热心地做介绍。

湄潭县先后申请注册商标250件，已注册使用的商标160多件，其中茶叶商标登记数量就达几十件。"夷州""兰馨""栗香""四品君""怡壶春""银柜"牌茶叶等在市里省里有了身份。

但品牌多了杂了，也难以形成效应。湄潭县茶叶局负责人说，由于缺少知名品牌，湄潭县茶叶的价格较低，即使到了2004年，单价最高也没有突破每公斤1200元。

打造贵州著名商标和全国驰名商标迫在眉睫。2006年以来，该县连续5年出台加快茶叶发展的实施意见，在品牌管理、申请全省著名商标和全国驰名商标等方面制定了一系列奖励扶持政策。对获驰名商标、著名商标的企业，政府分别奖励100万元、5万元；对申请注册地理标志成功的企业和协会奖励10万元。

湄潭县决定把该县茶叶主导品牌"湄潭翠芽"申请为国家地理标志保护产品。为确保"湄潭翠芽"品牌的价值，湄潭县对全县茶叶实行"统一质量标准、统一加工条件、统一有偿使用、统一协会监制、统一宣传推介"。

2007年，湄潭人终于扬眉吐气了，"湄潭翠芽"正式获得国家认证。

为提高"湄潭翠芽"的品牌知名度，县里对在贵州省外开设有一定规模和形象的"遵义湄潭名特优农产品"旗舰店，每家店补助10万元。在省外地级以上城市茶叶专业市场或闹市区开设统一标识"湄潭翠芽"专卖店且经营一年以上的，每个补助2万元。该县还对在外宣传"湄潭翠芽"的企业给予相应的补贴。"全国各地先后开设了'湄潭翠芽'专卖店400余家。"刘德波说，"我家开的茶店就是其中之一。"

这一系列举措有效地扩大了"湄潭翠芽"的知名度。在去年一场"品茗茶乡"拍卖会上，参加拍卖的275克精制"湄潭翠芽"绿茶，底价8.8万元，结果拍出28.6万元的天价。

据湄潭县政府肖县长介绍，"湄潭翠芽"作为该县申请注册的第一个证明商标，先后48次获得国家级评比金奖，连续在"贵州十大名茶""贵州五大名茶"评比中高居榜首。经国家农业部信息中心、中国品牌农业网、浙江大学农业品牌研究中心联合评估，"湄潭翠芽"公用品牌价值达到7.69亿元，成为贵州省唯一的中国茶叶区域公用品牌价值最具带动力品牌。

"不仅茶叶要成品牌、名牌，我们还要把茶乡变成王牌。"湄潭县的领导颇具战略眼光。

湄潭要占领全国茶叶产业的制高点。除"湄潭翠芽"外，湄潭人还注册了"西部茶乡""西部茶海""茶海公园"等40余个涉茶商标。

湄潭，成为贵州省第一产茶大县。2010年，全县茶叶总产量1.5万吨，产值9.13亿元，茶业综合收入13.7亿元，茶叶收入在湄潭县农民人均收入中的贡献率达39%，在茶区已达85%以上。

品牌效应日益凸显。湄潭县先后获得"中国茶产业发展政府贡献奖""全国三绿工程茶业示范基地县""中国名茶之乡"等称号。

如今，记者来到了茶乡采访，只见茶海万顷，一望无垠。县行政中心西侧，规划用地面积约345亩，总投资8亿元的中国茶城建设项目正在加速建设。城郊火焰山头，雄伟的"天下第一壶"巍然屹立，此壶总投资2500万元，高73.8米，最大直径24米，这是湄潭的"名片"。

西部茶乡，名不虚传。

2011 年 9 月 20 日，《重庆日报》第四版

点石成金发石财

石阡，石阡，以石为名，开门见山。一进入县境的河坝场、本庄镇，石字打头的小地名一连串：石坨、石坎、石包垴、石家坳、石孔坝……

"石阡的石头到处都是，几乎每个乡镇都有可开发的石材，好看的品种多得很。"在本庄，一位农民石工告诉记者，"我们这里盛产燕子石，材质很好。"

但石阡石材业长期处在原始的开发阶段。境内只有一些毛石开采场，仅仅就是满足修房造屋和基础建设需求。这是传统的零星开采方式，规模不大，附加值低，经济效益也不明显。

于是，大理石成了主攻对象。县里提出把装饰用石材产业作为一项新兴产业来打造，并使之成为新的经济增长点。

第一步，摸清家底。2009年，石阡县乡镇企业局组织力量对全县的石材资源进行调查，初步探明的石材主要有桃红大理石、马蹄花石（贝壳石）、红蜘蛛（石阡红）大理石、燕子石、龟裂纹石等10多种，总储量约有4000万立方米。其中，贝壳石、红蜘蛛、龟裂纹石等品质优良，极具开发价值和市场品位。

接下来是规划□□□□□□境的前提下，县里制订了石阡石材
产业发展战略及总□□□□□□石材开发项目编制、包装、申报、招
商引资力度。根据规划，石阡将建立以龙塘、白沙等乡镇为重点的石材
开发加工基地，实行企业带动。通过区域性建材产业基地建设，培育新
的产业增长点，使石材开发逐步成为支柱产业。

桃红大理石，主要分布在龙塘镇艾家坪村一带，储量在1000万立
方米以上。过去，龙塘人一直依靠出卖石材初级资源，无品牌，无深加
工，无附加值，许多石料运到外地被冠以别的品牌出售，价格高出一长
截。去年，本地投资者安玉忠在龙塘镇大屯村开办忠义石材有限公司，
投资3000万元建了一条加工线，8月份建成投产。该厂年产值可达3600
万元，结束了石阡石材有品无牌的历史。

"你们应到白沙镇看看，那里的石材花色品种最多。"一位货车
司机向我们推荐。据说，该镇红底绿纹大理石，储量约300万立方米；
青花大理石（又名龟裂纹石），储量700万立方米。最让当地人引以自
豪的是马蹄花石，估计储量1600万立方米。这种被当地人称作马蹄花、
海贝花的大理石，材质黑色，其间夹杂形如马蹄的小白花，非常耐看。
它在省外还有一个好听的名字——满天星，特别是被选用于国家大剧院
的装饰材料后名声大噪。1立方米的海贝花，卖价可达170元至180元。

汤山镇，石阡县府所在地，位置优越，交通便利。县里决定在该
镇香树园村规划高水平的石材工业园，通过创新石材产业发展模式建设
石材产业集聚区，特别是通过引进"外地和尚"来"念经"，着力培育
具有产品创新能力、品牌知名度高的石材产业集群。优惠的政策、良好
的环境，很快引来客商入驻。来自中国石材之乡的福建客商姜建华，投
资3000万元，建了一家年产40万立方米的优质板材加工厂，这只是第
一期，公司正着手建二期工程，还要追加投资5000万元。浙江一家客商
也看好这里的资源和政策优势，决定在园区内投资1亿元，建设占地100

亩的石材加工厂。

今年3月，石阡人迎来大喜：石阡红、石阡云石、石阡桃红、石阡贝壳石四种石材，经国家石材质量监督检验中心综合判定为A类装饰材料。石阡大理石成了"疯狂的石头"，各地有20多家外商企业来石阡考察洽谈。福建厦森投资发展有限公司签下了总投资2亿元的开发合同。贵州省黔源矿业开发有限公司签约在该县投资3500万元建成年产40万平方米的大型石材厂，建成投产后将带动该县上千人的就业。

泉都石材加工厂动作更快，今年4月25日，该厂举行了隆重的投产剪彩仪式。该项目总投资3000万元，占地20亩。项目设计年加工40万平方米大理石，年产值4000万元，税收150万元。

县委书记赵贡桥说起石材这宝贝疙瘩就来劲，"要不了多久，石阡县石材产业的投资规模将超2亿元，年加工总量60万平方米，每年可实现税收1200万元。石材开发将成为石阡的又一支柱工业。"

点石成金发石财——石阡，这名字好像有了新含义。

2011年9月23日，《重庆日报》第三版

山沟沟飞出绿凤凰

　　凤冈县与凤凰有缘。凤凰宾馆、凤凰大厦、凤凰中学、凤凰广场……初到这里，还以为到了湘西的凤凰县。

　　其实凤冈的历史也很悠久。隋置绥阳县，后置永夷县。明万历二十九年（1601年）置龙泉县。1919年改为凤泉县。1930年改为凤冈县，以凤凰山冈为名。

　　凤冈县位于贵州东北部，乌江北岸，典型的山区农业县，农林牧渔占生产总值近80%，经济总量小，财政底子薄，百姓不富裕。但凤冈也有自己的独特资源：气候湿润，土壤肥沃，还有那一望无涯的翠峦青山，全县森林覆盖率达53%，茶区森林覆盖率高达80%，"风水"好。

　　面对这样一种县情，凤冈县委、县政府选择了"建设生态家园、开发绿色产业"的发展战略，要把翠峦青山变成金山银山。

　　茶，是凤冈人最初的梦想。凤冈虽不是产茶大县，也不是传统名茶产区，但茶业作为首选产业却有着充分理由。宋《华阳国志》和清《梅簃随笔》记载：夷州以茶为贡；龙泉产云雾芽茶，色味双绝。

　　永安镇田坝村，是让凤冈人最早实现梦想的地方。20世纪末，两位当地能人带领村民们开垦茶山。几年过去了，全村茶园已达到1200公顷，户均茶园超过0.5公顷，人均茶叶收入4200多元，占农户总收入的90％左右。2003年，村里的200公顷茶园通过南京国环有机产品认证中心认证，这也是凤冈县发展富锌富硒有机茶的发端。

"凤冈是我国为数不多的生态型农业县，由于气候环境、生态环境和土壤机构的特殊性，这里的食品均富含锌、硒等有机微量元素。"湖南农业大学客座教授林治从专业的视角看来，"我国能生产富硒茶的产区仅有四处，产品中既富硒又富锌并且是有机的，目前首推凤冈。"凤冈茶叶经权威部门抽样检测结果：有机锌含量每公斤40～100毫克，有机硒含量每公斤0.25～3.5毫克，均在保健饮品最佳值的范围。凤冈锌硒茶，堪称中国绿茶中的保健第一茶。

2004年10月，凤冈被中国特产之乡组委会授予"中国富锌富硒有机茶之乡"称号。

"生态强县、绿产富民"，凤冈县抓住这一闪光点，确立了"高端运作、抢占先机"的发展思路以及"猪（禽）—沼—茶（粮、果、蔬）—林"四位一体循环经济模式，采取标准化、规模化、品牌化的方式运作，大力发展生态经济。

在国道326两侧，不时可见"以茶兴县，以茶富民"的标语。宣传墙也向人们展示这方面的成就：全县迄今已有优质茶园基地20余万亩，规模加工企业36个，生产能力总量达10000多吨，茶叶年产量达到250万公斤，产值1.25亿元。以"凤冈锌硒茶"为代表的茶叶品牌先后在国际、国内各类茶叶评选活动中获得30多个金奖、特等奖。

绿色、有机产业的开发，大幅提高了农副产品的附加值，满足了现代人的时尚消费需求。该县生产的系列有机产品以及绿色食品，其价格高出普通产品价格2至4倍。继有机茶认证面积为3万亩后，几项农产品先后获得有机认证：有机水稻认证面积2万亩，有机莲藕面积2500亩，有机烟叶面积1300亩，有机鸭养殖13000羽，有机皮蛋年加工325

万枚等。还有多家企业获得有机食品加工认证。好像一夜之间，什么玩意儿都成了有机宝贝。

据介绍，何坝乡何坝村曾是凤冈最穷的村之一，可如今家家户户奔小康。何坝村由穷变富的关键是通过实施"四位一体"农业生态模式后，把农民引入了大市场。当地农民利用沼气池建起了蔬菜大棚500多个，仅种菜一项年增收就达到300余万元。同时，该村年户均猪肉产量、年人均牧业收入等都比非沼气用户高出2倍以上。何坝村蔬菜不仅结束了凤冈县城3万余人吃菜靠外进的历史，而且还与遵义绿佳农产品有限公司签订了蔬菜种植合同。何坝菜无公害，俏了。

我们在凤冈县城南部新城采访，惊讶地看到总投资2.8亿元、建设工期为5年的中国有机食品城正在加紧施工。"中国有机食品城的建成，将集交易平台、展示中心、有机认证、物流配送、短期仓储、商业娱乐、居住休闲等功能为一体。"工地的负责人介绍说，"这项工程的开工建设标志着西南地区有机绿色食品将聚集到凤冈，形成西南乃至中国有机食品集散平台。"

凤冈县真个是"土鸡变凤凰"——山沟沟飞出的绿凤凰！

2011年9月27日，《重庆日报》第六版

水体污染令人愁

思南县，地处武陵山腹地，乌江流域中心。

思南与乌江，密不可分。得乌江航运之便，自古商贾云集，经贸繁荣，是乌江中下游地区商品集散地，政治文化中心，素有"黔东首郡"之称。思南县城是一座美丽的江城，也是贵州境内第一个紧邻乌江的县城所在。依山傍水，错落有致，人称"小重庆"。

"思林和沙坨水电站建成后，思南县将形成由两大库区组成的百里乌江景区，是旅游观光的好去处。"思南人充满憧憬，可怎么也没想到，因为上游的严重污染，这条乌江会给他们的生活蒙上巨大的阴影。

在离乌江不远的翁溪镇，一位叫彭文劲的七旬老人吃力地挑着一担水。他每天花两三个小时，才能接到两桶水。这只够人畜保命，至于田里的稻谷早已干死了。我们问这里就在乌江边，为何不抽水库的水来用。"同志，那乌江的水哪能喝，连鱼虾都活不了！"老人心里不爽。

来到县城，又是一位老人，赤裸着上身正从乌江边挑水上街。走近一看，这水色怪异，黑里透绿，再一闻，一股刺鼻的腥臭味。"这能喝吗？"我们问。"当然不能，只能用来喂牲口。这乌江哪儿像江，简直就是臭水沟！"老人答。他告诉我们，报上说自7月上旬以来，因为持续高温少雨天气，乌江流域来水偏少2至5成，流经该县的乌江河水位陡降，低于县城水厂的正常取水位，严重影响了城区10万多人的生产生活用水。因为流量小，江里污水难以稀释和冲刷，结果污染越来越严重。

我们快步来到江边。不看不知道，一看吓一跳。想象中的乌江天险怎么变成了几乎断流的小河沟，一群十几岁的小孩挽着裤管在江中摸螺蛳、蚌壳。河水黢黑，江边的鹅卵石就像煤矸石。这时，一位小朋友左手提凉鞋、右手提了袋蚌壳走过来。小孩的母亲指着那些泥糊糊的蚌壳说，"不知能不能吃，还得找清水洗，很麻烦！"

县人民医院的护工侯大姐正在江边处理垃圾，听说我们是记者，希望反映一下乌江的污染问题。她说："我们就出生在乌江边，儿时的印象是江水碧蓝碧蓝的，后来越变越差。50年代淘米洗菜，60年代清洗被盖，70年代农田灌溉，80年代水质变坏，90年代鱼虾绝代，现在大家是身心受害。"

有人建议记者到思林水库看看，那里的情况更加触目惊心。装机容量120万千瓦的国家"西电东送"重点项目——思林水电站正在建设，据说主体工程即将完工。一座雄伟的大坝将乌江紧紧锁住，水库的水黑得像墨汁，水面上还飘着死鱼，并不时散发出阵阵恶臭。正在浇筑水泥堡坎的工人说，从构皮滩水库下来的水很多都是污水，一阵翻绿一阵发黑，到思林电站后水流减缓，漂浮物越积越多，污染也越来越厉害，听说下边的沙坨电站还要糟糕。

环保部日前公布了2011年上半年重点流域水质量环境状况，结论：长江支流总体水质为轻度污染，乌江属重度污染。贵州省环境监测部门提供的资料则显示，乌江已成为贵州省水污染程度最为严重的流域。

至于污染原因，很多人是哑巴吃汤圆，嘴巴说不出，心里都有数。

刚好看到《南方周末》一篇报道，说遵义部分渔民因污染致鱼死负债，至今没有获得赔偿。去年4月，乌江渔民们陆续发现养鱼的水面上有很多化学污染物，自己所养的鱼大面积死亡。经有关部门调查，水面上的漂浮物是磷。这次污染使大批乌江鱼苗死亡，众多渔民血本无归。按照有关规定，排污单位如造成渔业污染事故，应由事故发生地渔政管理机构根据所造成的危害和损失处以赔偿，但因无法认定排污单位，渔民一直未得到赔偿。

　　其实，今年5月，贵州省环保厅在答复遵义市政协委员刘中国《关于乌江水环境保护形势严峻、加强保护与治理的建议》的提案中提到，乌江流域特别是乌江渡水库及其支流息烽河河段氟化物和总磷均严重超标，为重度污染。污染的主要来源是息烽境内小寨坝，主要工业企业为贵阳中化开磷有限责任公司。

　　看来，乌江治污，任重道远。

2011年9月30日，《重庆日报》第五版

相同印江，不同印象

8月下旬，西南大旱，灾及千里，乌江沿线未能幸免。太阳炙烤下，大地开裂，庄稼枯萎。

进入印江县，一块巨大的牌子上写着：认真贯彻中央水利工作会议精神，加快推进水利改革发展新跨越。

"印江旱象严重，今年肯定减产减收。"这是记者在沿途听到村民常说的一句话。

然而，在梵净山脚下的合水镇新年村天井组，我们看到大旱下的另一种升平景象。

天井组的村民何郭禅老大娘，带领孙儿孙女正在收割稻谷。稻田无水，但土壤滋润潮湿，稻穗低垂，谷粒饱满。"这是选育的稻种，今年能卖好价钱。"何大娘捧起金灿灿的稻谷，眉开眼笑。

就在何大娘的庄稼地旁边，一条数百米长的水渠自上而下绕田而过，渠里溪水潺潺。这水渠有1米来深、1米来宽，全用石头砌成，上方用水泥抹成人行道。靠公路边竖了一块石碑，上刻：国家综合开发渠系配套工程，落款：印江县农业开发办。

"这是托官家（指政府）的福，去年官家出钱把水沟修好后，山上的水就引到了庄稼地。今年大旱，我们并没受影响。"何大娘说，"不然，我这老手老脚的，那就苦了。"何大娘的儿子、媳妇都在外面打工，是个空巢老人，孙儿孙女正放暑假，算是留守儿童。

与她相邻的一对农民夫妇忙着收摘番茄和西瓜，西瓜是小品种的，个头不大，但油光水亮。姓刘的农妇说，"今年大旱未成灾，幸好渠里有自然水，家里有自来水。"据她介绍，因为这里有水源，前边那片500多亩的地已经被江西老板看中，以每亩每年600元流转租借，用于种植西瓜、葡萄、核桃、猕猴桃，打造现代农业观光园。我们朝她指的方向望去，几位壮汉正打着光膀子在浇铸水泥柱子，看那阵仗，是要大干一场。

农田水利设施的完善，得益于近两年的农业综合开发。去年4月，合水镇开展社情民意调查活动，反应比较强烈的问题主要集中在水利灌溉、道路交通等方面。

在学习实践活动中，合水镇党委政府坚持把为百姓办实事、做好事作为出发点和落脚点，认真实施"一事一议"财政奖补政策，规划了11个行政村14个实施项目，投入资金100万元，实施了连户路、排水沟、蓄水池等公益建设。镇里积极争取水利资金130万元，由村民投工投劳及自筹资金16万元，集中解决了4700人、3500头牲畜的人畜饮水难题。公益事业成为群众满意工程，大家说，"用水不用抬，走路不湿鞋，这样的政策，好！"

与这边丰收景象形成鲜明对照的是板溪镇联合村的旱象。紧靠公路的半山腰，有四五百亩的梨子园。走进梨子林，一阵阵像甜酒的气味随风飘来，挂在树上的梨子个头小得像乒乓球，有的已皱皮，有的已霉烂。因为干旱严重，相当部分的梨树已经落叶、干枯，地上满是掉下的梨子。

这片梨子园是印江县沙子坡镇上的张著安、张羽刚等人合伙，在3

年前以20万元的价格从印江县扶贫办买过来的。

张著安说，这是印江目前最大的单体梨子林，每年仅交给村里的租金就要10多万元。去年老天爷帮忙，收了30多万公斤果子。水果商蜂拥而至，梨子卖个精光，每公斤批发价1.4元，除去各项开支后，还赚了一笔钱。

哪料今年天有不测风云，100天不下雨，张著安急得像热锅上的蚂蚁。梨子进入成熟期后，因为没有水利设施，自然无水浇地，导致果小，产量大幅减少。他们去找有关部门，人家说到处都缺水，先解决人畜饮水；他们也想到了抽水设备，但缺水源，巧妇难为无"水"之炊。过去也修过水池水渠，毁了。"我们是外来户，果园买断后，没人理睬了。"面对旱情，张著安很无奈。

"虽然又到梨子采摘季节，但因果子卖相不好，无人问津。"张著安等合伙人还是与去年一样，巴望着收购商上门竞购，但奇迹一直没

有发生，"今年3毛钱一斤都没有人要啊。"

这回肯定是赔钱了，张著安一脸苦瓜相，而他更担心今后还会继续赔。因为这上万株梨树都在山坡上，土质差，保水难，既没有水利设施，也没有灌溉设备，完全靠天吃饭。

"水利是农业的命根子，水利建设本来是公益性的，我们盼望政府提供更多公共服务。"他激动地摊着双手说，"光靠我们两三个散户折腾，成不了大气候。我们也需要扶一把！"

张著安说得有道理。

2011 年 10 月 12 日，《重庆日报》第五版

乌江天险重飞渡

　　从思南港口出发的时候，几位正在锻炼的体育爱好者告诉我们，前阵子，有一群重庆、四川的游泳发烧友在此下水，徒手冲击乌江天险。

　　乌江发源于贵州高原，源头海拔高达2260米，而下游低至海拔137米，悬殊特大的落差，形成了天险水道。20世纪30年代，中国工农红军历经千难万苦，强渡乌江，突破封锁，乌江天险从此更是名扬天下。

　　事实上，乌江天险最经典的是出思南流经德江县境内潮砥、长堡、共和、稳坪、桶井五个乡镇这一段，山高水急，惊涛拍岸，撼人心魄。乌江三大险滩，这里就占了两个——潮砥滩和新滩。

　　潮砥滩，是乌江中游最著名的险滩，以"雄、奇、险、峻"闻名遐迩。当年川盐入黔，在此因滩如瀑，"潮回喷怒雷"，成了断头路。明正德年间，举子田秋先生途经这里，见江心巨石耸立，江水咆哮翻卷，有感而发，在滩边古栈道旁的一块巨石上，挥毫题下"黔中砥柱"四字。这四个大字刚劲有力，现已列为省级重点文物保护单位，也是游人来此必看的著名景点。

　　潮砥滩上的绞关站，位于滩上游右侧500米处，站址有两处，一处在江边，一处在半山峭壁。1959年乌江航道第三工程队将潮砥滩心巨石炸除后，疏通了航道，然而因滩陡水急，上水船只根本无法直上，故依山傍水而建了江边绞关站。

新滩地处德江县境东北部，旧时称木柜坨，是乌江峡谷中的深塘河段。因咸丰六年（1856年）8月西岸岩崩塞江，造成险滩，故名新滩。乌江堵塞成滩后，断航百年，运输货物都要在此转运。"遍行天下路，难过乌江渡。隔岸能答言，相逢在何年。"纤夫的歌谣，是这段历史的见证。

经过中华人民共和国成立后的较大规模的航道整治，1958年新滩重新通航。1970年5月14日和8月2日，西岸岩壁又两次大量崩塌，后经过3次整治，新滩江水趋缓。但新滩仍是乌江陡滩最长的一处，有近一里长。因落差巨大，水流陡急，轮船上行，多数时候仍需绞滩。

作为中国重大水电基地之一，乌江干流规划中的10座电站已建成8座，干流的梯级开发已入尾声。我们来到沿河县沙坨电站，这座乌江在贵州境内的最后大型水电站目前已经截流，工地上机器轰鸣，热火朝天。

"随着沙沱电站今年11月蓄水，昔日风光绝伦的乌江天险将成为历史，可以徒手漂流的地方已越来越少。"今年7月，在全国冬泳界久负盛名的南充市游泳协会委员、已两次参与漂流乌江的陈吉志，在冬泳网上发起了"绝漂"乌江活动的"英雄帖"。一石激起千层浪。陈吉志的网上邀约，立即引起了全国冬泳界、户外探险界的热烈响应。

今年8月，来自四川南充的8位冬泳高手、

重庆的3位徒手漂流发烧友，从贵州思南港下水，挑战生命极限。他们克服了数不尽的险滩、暗礁、激流、漩涡，完成了负重徒手漂流3天、"绝漂"110公里乌江天险的人类壮举。

我们在沿线采访，一路追踪这些"乌漂"好汉的身影、足迹。"第一天，漂游了3个小时，到达潮砥镇时，我已累得筋疲力尽，差一点打起退堂鼓。"8月23日，我们从四川新闻网看到《南充日报》记者吴奉天的亲历记，"从长堡土家族乡白果坨到德江县桶井乡新滩村，长约18公里的水域，是乌江天险的精华部分，徒漂沿途山高沟狭，植被茂密，奇石怪状，野生动物活蹦乱跳……我非常庆幸，没有因为放弃而错过人间的仙境。"

印茂成，第三次徒手征服乌江天险的重庆万州徒漂高手。我们联系采访事宜，但他又于8月下旬，和重庆野人游泳探险俱乐部的张颖等到黄河甘肃段漂流，挑战生命禁区黑山大峡谷。

9月3日，我们又从网上捕捉到印茂成的帖子："《三峡都市报》登的我的一篇专访转过来了，让我惭愧！激流闯滩这项活动给了我极大快乐，让我仿佛返老还童。别人怎样看漂流我不管，反正我是有些铁心了，不信看我的《漂流随感》诗：

一辈子的激情/我都愿交给漂流/甚至不惜生命/漂流在汹涌的江河/与浪沉浮的虽只是躯体/可我的魂灵却和浪融为一体……"

2011年10月19日，《重庆日报》第七版

边沿转身变前沿

沿河，一个曾以"老少边穷"出了名的山区县。

老：革命老区，是1934年建立的黔东革命根据地的中心地。少：沿河是全国4个单一土家族自治县之一，60万总人口中土家族占53%。边：从贵阳到沿河，公路里程420公里，由于多数路段等级低，最快7小时才能到达。穷：县里戴着国贫县的帽子，所辖22个乡镇中15个是省级民族地区贫困乡镇。

贫困，让人直不起腰；落后，让人抬不起头。但沿河人一刻也没有停止观察与思考：区位偏僻，交通不畅，市场狭窄，这是沿河县贫穷的缘由。而一江之隔的重庆市，乘直辖之风，借三峡开发之机，发展迅猛，气势如虹。

穷则思变：为何不来一出"借东风"？利用重庆的水陆快速大通道，借重庆的资金、技术、市场优势，把沿河打造成重庆经济圈的能源基地、旅游目的地，把丰富的农产品摆放到重庆人的餐桌上？

从区划来说，沿河离省城贵阳太偏太远；从区位上看，它与渝东南酉阳、秀山、彭水山同脉、水同源、民同俗，一衣带水，手足相连。当地的决策者终于找到了突破口，"沿河与重庆不仅仅是经济的融合和渗透，更是民族文化上的相辅相成。融入重庆是沿河长期的战略选择。"

2006年3月，沿河首次提出"倚靠贵阳、面向重庆，依托乌江、挤进长江"的发展思路，把沿河建成能源大县、生态大县、旅游大县。

彭水电站是沿河融入重庆经济区最大的合作项目。该电站是重庆市境内最大的水电站，总装机容量为175万千瓦，2005年9月正式动工。

洪渡，乌江流经贵州的最后一个乡镇，距离沿河县城水路80公里，陆路130公里。因得乌江舟楫之利，长期是黔东北和渝东南的物资集散中心，贵州重点企业乌江轮船公司曾在洪渡开办转运站。随着现代陆路交通逐步兴旺，多数货物"起水走陆"，洪渡码头因此风光不再，甚而沉寂。

乌江彭水电站的兴建，有800多户3000多居民的洪渡古镇要进行整体搬迁。此乃"起死回生、脱胎换骨"的良机！沿河县为洪渡做了"贵州之窗，精彩洪渡"的定位，决定将洪渡建设成为成渝经济区的"桥头堡"。该镇投资数百万元，修建航道及洪渡大码头。尤其是总投资7000多万的王坨大桥，衔接重庆市酉（阳）彭（水）二级公路，连通渝湘高速公路，抵达重庆主城区只需3个多小时。一座桥，就此改变沿河特别是洪渡的区位——从边沿一下跻身重庆经济圈的最前沿。

打破行政壁垒，全方位对接重庆。筑巢引凤，草船借箭，使沿河社会经济呈现快速发展势头。我们来到和平镇，一块五层楼高的巨幅宣传牌赫然在目："融入重庆，加速发展，加快转型，推动跨越。"河东新区的

乌江明珠楼盘是当地的标志性建筑，两栋25层高楼已顺利封顶，另外5座高楼正在建设中。建筑商正是来自重庆的恒洋房地产开发有限公司。在沿河，重庆籍房开公司占到当地城建工程50%以上的市场份额。在河东新区临街铺面上，宗申、力帆、富侨、宝丽金等带着浓郁重庆味的卖场、商店、会所颇为抢眼。

沿河旅游资源丰富。有"百里画廊"之誉的乌江，流经沿河132公里，形成89公里奇峡壮观。如何充分用好乌江山峡国家级风景名胜区、麻阳河国家级自然保护区、黔东特区革命委员会旧址国家重点文物保护单位、"中国土家山歌之乡"这四张名片，大力发展生态旅游、休闲旅游、乡村旅游？沿河采取旅游资源共享和旅游项目市场化运作的方式，联合重庆市交通旅游集团、彭水县、酉阳县，共同出资364万元编制了《乌江风情画廊旅游开发总体规划》，"百里画廊"被纳入长江三峡旅游外环热线。

联动发展，互惠共赢。这两年，沿河接待旅客已超百万人次，实现旅游综合收入五六亿元。以空心李、油菜花闻名的沙子镇南庄村，旅游人数一天就有数千人，而侯渡坪景区旅游户冯智有时一天就接待游客六七十桌，毛收入上万元。粗略估计，到沿河的各类游客中有六七成人说的是重庆话。

2011 年 10 月 20 日，《重庆日报》第六版

他用59岁生命救回9岁生命

这是一个让人听起来难过的"坏消息"。

10日早上7点，正在酉阳龚滩镇采访老船工的"千里走乌江"采访组接到了一个电话：酉阳小河镇小河村一组的农民冯光国因救一个落水的孩子牺牲了。

得知此消息，我们立即调整当天的采访计划，迅即赶到了小河镇小河村。

孩子得救，他却走了

小河镇小河村有一条不知名的小河沟，与贵州沿河县沙子镇大漆村相连，穿越一段渝黔交界的低谷地带后进入乌江。

9月8日下午4点10分，大漆村完小三年级学生——9岁的贾旭，和读五年级的姐姐贾双、同学贾小瑜放学回家。

贾旭的家距离小河大约500米远。快到家时，贾旭将书包交给姐姐，与同学一起到小河流经的五堆沱河坝边耍。看见河里漂浮着不少死鱼，他们便商量捞鱼回去喂猪。

在捞鱼过程中，贾旭不慎被水浪冲走。

"救命啊！救命啊！"

正在河边沙坝上筛沙的冯光国，闻声朝出事地点跑去。

情急之下，不会游泳的他蹬掉脚上的筒靴，顾不得脱去衣服，三步并作两步冲进激流，把小孩使劲向岸边拉。由于不识水性，加之水流太急，冯光国和小孩瞬间被一股激浪冲向深潭边。冯光国使出全身力气，用双手把落水少年推向岸边。

贾旭猛地一蹬，安全回到了岸边。而就是这一蹬，因反作用力过大，原本快靠近岸边的冯光国再次被推向了深水潭，一眨眼功夫即被激流卷入几米深的漩涡中。

冯光国再也没有起来。

"爸爸，快，快点拿根长竹竿来，大、大、大舅掉到河里了，要遭淹死了。"4点30分左右，大漆村村民贾开全正在家里拌猪饲料，听到了儿子贾龙在河边的呼叫声，赶紧跑到河边，才晓得舅哥掉到河里了，"我赶到的时候，还见到他的头顶，一浮一浮的。可我不会水，竹竿又够不着，只能眼睁睁看到他沉下去。"

群众自发前来打捞安葬冯光国

"冯光国救人被淹死了！"当晚6点多，正在吃饭的小河村一组组长冯由光接到村民的电话后，立即赶到出事地点。

"我到的时候，镇政府、派出所的人都到了，还有几十个群众，大家都在河边想办法打捞冯光国的遗体。"冯由光说，他的水性好，组织几个人到河里用渔网打捞了几个小时，直到晚上9点多都找不到人。最后，镇政府在现场的领导就让大家先回去，第二天继续打捞。

9日一大早，小河镇政府组织机关干部和群众再次来到五堆沱打捞冯光国的遗体。

镇人大主席李华说："这次打捞，采用的是土办法，先派人到山上砍了些野刺捆起，然后放到水中沉下去。冯光国衣服裤子都穿起的，只要刺挂到一点，就能把他捞起来。"

上午9点左右，冯光国的遗体终于被打捞上来，已开始腐烂。

但下葬却成了一个难题。因为他的家庭太穷，连棺材都买不起，怎么办？

小河村二组村民冯学美被冯光国的义举感动，主动捐赠出了自家的棺材。小河镇商会的赵世尧也打电话给小河村二组组长冯红光说，愿意捐赠一口棺材。村民冯学礼和任启泰也当即拿出200元和100元，表示愿出钱安葬这位舍己救人的农民。

9日下午2点左右，在众多乡亲和鞭炮声的送别下，没有花圈和墓碑，冯光国从此安静地长眠于自家后面的山坡上。那是一个叫杨家湾的地方。

贫困的家原本靠他支撑

冯光国走了，就像那条小河，静静地默默地流向乌江。

"他是英雄。在危难时刻，舍己救人，留下妻儿一去不返。"

10日下午，记者来到了小河村一组冯光国的家里。这是一个用木板搭建而成的家，仅有一间半房，其中卧室一半的权属归冯光国的弟弟冯祥光。

一台切猪草的电动机摆放在门外，那还是从兄弟家搬来的。

整个房子就像历经了数十年沧桑而从未维修过：木板间的缝隙有的有拳头大，屋顶上的瓦片开出了不少"天窗"。一进家门就是厨房，里面空荡荡的，房间里除了锅碗及一根凳子、挖土的工具外就没有别的。

厨房旁边就是卧室，仅有几个平方米，摆了一个柜子和一张床。床上没有席子，上面的破旧衣服、被子揉成一团。

卧室的下面是猪圈，卧室六面透风。小河村一组组长冯由光说，冯光国父亲没有去世的时候，加上冯光国两口子和娃儿，一家4口人都睡在一张床上。

贾开全说："说句不怕丢丑的话，我先与冯光国的妹妹结婚，婚后，夫人就做我工作，让我把妹妹嫁给她的哥哥。当时，考虑到妹妹从小因脑膜炎的影响，智力有些问题，所以才同意了这门亲事。要不，冯光国凭什么条件在接近40岁的时候能娶到我20岁的妹妹呢。"

在贾开全眼里，妹妹嫁给了一个有些"窝囊"的丈夫，以至于这么多年妹妹一家的日子很紧巴。

"但冯光国心眼好，对我妹妹很好。妹妹对他的感情很深。"贾开全说，冯光国去世的当晚，妹妹哭了一夜，最后虽被劝住了，但因神情恍惚，在第二天早上切猪草的时候，右手三个指头被切掉了。真是祸不单行！

贾开全说，虽然冯光国能力不行，但是他有良心、有良知，是个老实人。

冯光国去世前，有时到河边筛沙子卖，这是补贴家用的重要收入来源。他经常赶着骡子去帮人，赚钱也不多。

"他不善言谈，但为人实在。"镇政府财政所所长冉文波是冯光国今年结下的"亲戚"。冉文波说，冯光国是个热心人，村里的红白喜事都去帮忙。每逢赶场，只要看到乡亲们背有东西，他都会用自己的骡子帮忙驮。

"冯光国走了，我们正在想办法，尽最大努力帮这个家庭渡过难关。"李华说，冯光国今年59岁，有两个孩子，女儿冯金花已经出嫁，儿子冯福军7岁，在读小学。妻子贾玉平长期患病。他的家庭非常贫困，全靠冯光国撑起。

为了帮助这个家庭渡过难关，镇政府出资2000元安葬了冯光国，还将帮助这个家庭解决低保问题、民政资金补助以及孩子在学校的生活、营养等费用，同时正在准备材料申请见义勇为奖。

冯光国，一路走好！

2011 年 9 月 11 日，《重庆日报》第二版

船工新传：小波掀大浪

没有了江水咆哮的声音，中秋夜的龚滩古镇很宁静，静得只能听见我们几人的脚步声。

靠近江边码头的一座吊脚楼里正亮着灯。"罗书记，回来没有？有客人来找你摆一哈。"楼下，龚滩镇宣传委员冉启胜对着亮着灯光的屋里大声喊话。

"罗书记"名叫罗小波，曾经担任龚滩镇新华社区居委会的支部书记。今年42岁的罗小波是古镇的原住民，自小与冉家打交道。冉姓和罗姓都是土司的后代，也是龚滩的大姓。镇上至今还有"上街不惹冉，惹冉下不了坎；下街不惹罗，惹罗过不了河"的说法。

罗小波乐呵呵地接待了我们。他说，龚滩是渝东南的水路咽喉，20世纪50年代的龚滩，江面上船只如梭，商贸集市繁荣，南来北往的商旅都会在此歇脚、住店，最繁华的时候，这里的码头每天有一两千人"捞货"（物资交易中转）。进入20世纪70年代后逐渐有了机械船。当过兵的罗小波从部队退伍后，被安排到位于龚滩古镇的县木材站做工人。在主要交通依靠水路的年代，贵州的思南、沿河和重庆境内的秀山、酉阳等地的很多单位都在龚滩镇上设有办事处，"我们单位每年都有7000多方木材通过水路运出去"。

也是从那时开始，罗小波开始跟着家里的长辈，学习开货船。

乌江沿途，大大小小的滩很多，过去老船工称大滩为滩，小滩为子，仅"乌江画廊"就有九滩十八子。

"这条航线水急滩多，稍不注意就没命。乌江滩连滩，十船九打烂。民间有个说法，与死神打交道的两种职业最危险，一是挖煤，'埋了的没死'；二就是跑船，'死了的没埋'。"

从龚滩往外拉的货物主要是木材、煤炭，拉回来的货物主要是盐巴、百货这些消费品。罗小波说，他跑货船的时候，船的动力已实现机械化，虽不再需要拉纤的船工，但因机械化程度不高，一艘船一般仍要16个人才能运转下来。

"跑一趟，一艘船有几千块的利润。"在罗小波的眼里，这些利润能体现到自己身上的较少。于是，罗小波除了跑货船外，还与妻子在街上开了馆子。

2001年，重庆新闻旅行社组织了一个20多人的摄影考察团前往龚滩古镇采风。"这些人到了龚滩后，需要找了解当地情况的人带路，安排他们的吃住行，最后找到了我。"罗小波说，"那时候，我根本不懂什么叫旅游。来的人中，有个是重师的教授，他边走边给我讲旅游课。我带他们转了一天就赚了200多块，比我跑货船开馆子来得快多了。"

从此，罗小波的生活轨迹发生了转折。

罗小波找来一台旧电脑，插上网线，学着查找旅游行业方面的一些资料。最后，罗小波决定贷款10万元，加上自己存下的20万元，购回10条橡皮艇，在阿蓬江搞漂流。"一个游客收100块钱，第一年就把本钱收回来了。"

随着罗小波的龚滩旅游开发有限公司的成立，龚滩古镇从此多了一扇打开的窗口，外界越来越多的人来到龚滩，许多人已经意识到这是一个新机会，逐步开始从传统的农业中转向搞旅游经营。可罗小波的好日子只持续到2006年前后，由于彭水电站建设、蓄水，高峡出平湖，漂流就"打水漂"了。

水手出身的罗小波已不惧大风大浪。2008年10月，龚滩古镇搬迁复建完成，罗小波又迎来了新一轮的机遇，他投入100多万元购置几艘游船和快艇，在库区大坝内经营观光旅游。不久，他又兼并了酉阳的旅行社，并在重庆观音桥建立了旅游接待处。罗小波的旅游生意越做越大，成了远近闻名的罗老板。

如今的龚滩，已经从过去贸易发达的江边重镇向单纯的旅游古镇转变。古镇的环境变得很快，但罗小波的船工情结好像还停留在过去。

罗小波说，彭水电站开建后，航道处于停运状态，一些过去跑船的工友已经转到云南怒江、澜沧江谋生。2007年，伴随着老船工冉启才的离世，乌江上船工的故事也逐渐成为传说。

罗小波想到了纤夫文化、乌江号子的保护和传承。他把过去与自己一起开船、搏击乌江的船长、船工请出山，共同参与开发乌江旅游。他想让船工们在"乌江画廊"的大舞台上献唱乌江号子——

腰杆要打伸啊，嘿——作！

扯起莫放松啊，嘿——作！

两脚要跪地啊，嘿——作！

鼓劲朝前奔啊，嘿——作！

2011 年 10 月 21 日，《重庆日报》第五版

鱼儿离不开水

从酉阳龚滩到彭水自治县的乌江水路，乘船约3个小时，一路上聚集了众多景点：洪渡大桥、鹿角索桥、十里纤道、万足古镇、彭水电站等。

乌江彭水电站位于万足古镇。电站总投资121个亿，是重庆自1949年以来仅次于渝怀铁路的第二大投资项目。这是乌江流域的第十级梯级电站。

来到高山顶上的电站办公楼，极目远眺：雄伟的大坝，浩瀚的江面，来回穿梭的游船、快艇、打渔船，好一幅高峡平湖图！重庆大唐国际彭水水电开发有限公司副总工程师吴小林热情地接待了我们。一说起彭水电站，吴小林如数家珍：121亿元是静态投资，最后动态投资达到150亿元，电站于2005年9月正式动工开建，现已装有5台35万千瓦的发电机组，总装机容量为175万千瓦。

"彭水尽管山重水隔，但山川秀丽，特别是当地人的纯朴、热情及对发展的渴望，至今仍让彭电人感动不已。"吴小林感慨地说，彭水电站能如期建成投产，多亏地方大力支持。在他眼里，"彭水好比是水，电站是鱼，鱼儿离不开水"。

彭水县委宣传部副部长张波，从另外一个角度印证了这种鱼水关系。在乌江边农家乐的院坝里，他像讲评书似的回忆往事。张波对彭水电站有一种特殊的感情，不仅因为他的父辈是长江水利委员会的人，更重要的是他亲历了该电站从立项到建成的大部分过程。

在张波的记忆中，彭水电站是几代彭水人半个世纪的期盼与梦想。1958年，长江水利委员会就开始组织专家对乌江彭水段进行初步勘察。为了这座电站的前期勘测，一些人在彭水一待就是20年，在乌江边奉献了他们的青春。1987年，随着改革开放的深入，《"乌江彭水水利枢纽工程"可行性报告》重新摆放在有关部门的案头，但电站直到2005年才获批兴建。

2003年的2月，张波参与了迎接大唐国际尊贵客人的盛大活动。"那时的彭水，财政穷，百姓穷，面对这么大的一个投资项目，全县上下都很激动。拿什么来迎接远道而来的客人？唯有真心和优质服务。"

当时县里面组织了一支队伍，到重庆去接客人，在办理电站的所有相关事项上，都是专人落实。"客人住在希尔顿酒店，酒店的大门好大，还是铜把手，好多干部是第一次见到这么高档的酒店，有些紧张，也很惊讶。当时就想，如果有一天彭水发展起来了，也要修这么好的酒店。"

不仅是机关干部在行动，彭水的金融机构也在行动。当时，彭水县农业银行在重庆主城、彭水县城、公路沿线，都挂上了"欢迎大唐国际农业银行免费提供项目建设资金"的大红条幅。

精诚所至，金石为开。大唐国际彭水水电公司的第一个基本账户从此开在了县农业银行，等其他大银行反应过来的时候，已经晚了。彭水县农业银行的业务在竞争服务中脱颖而出。

鱼儿离不开水，水也需要鱼儿。

据张波介绍，如今的彭水县依托乌江电站水库形成的数十公里长的湖面，正在构建自己的"水面经济"。

风景优美的"乌江画廊"过去一直"养在深闺人未识"，电站的建成带动了景区的深度开发，并拉动了10万沿江农民、移民的致富增收。

万足镇是一个具有300多年历史的古镇，曾是古代商贸活跃的物流集散中心，素有"金万足"的佳誉。多少年来，古镇上的人们因水而繁衍生息，也因水而几经变迁。为让更多乌江移民吃上旅游饭，当地政府近年来加快了乌江山峡旅游风景名胜区的开发步伐，将旅游产业逐步提升到库区产业发展的首位。随着电站大坝的建成，古镇的旅游资源得到全方位的开发展示，越来越多的乌江移民在家门口从事起旅馆、饭店经营以及旅游商品销售。

正如《乌江》一书作者、经济地理专家黄健民教授所说的那样，乌江彭水电站不仅是重庆境内最大的水利工程，更是一扇财富大门，它对渝东南乌江流域的经济腾飞意义重大。

2011 年 10 月 24 日，《重庆日报》第六版

烤烟大县访烟农

9月初的一天，秋高，气不爽。上午10点过，烈日当头照，正安县格林镇朝阳村元村小组农民邓继勇，带领几个年龄都在60岁左右的帮工，正汗流浃背地采收烟叶。

"这么大年龄了，还出来做活路？"见记者问，年逾七旬的邓继勇老人赶紧回话："整几个烟钱花。"

"男人不抽烟，枉活在世间；嘴上含支烟，快活似神仙。"抽烟，特别是抽叶子烟，几乎是山里人的主要业余爱好。

"哪里是说抽烟哦，人家是卖烟叶，一年要整几万块。"旁边的立马搭话，"我们都是'丘二'，是帮他儿子收烤烟的。"

邓继勇的儿子邓钱智，是元村的组长，近几年他把附近农民的土地租过来种烟叶，一到采收季节，就请大家帮帮忙。

"这片山地种植的烟叶都是邓组长的，有几万株呢！"

旁边的一位"丘二"立即为记者补充情况："这不算多，邓钱江种烟90亩，11万株；黄洪种的更多，105亩，13万株，卖烤烟1万多公斤，一年赚几十万元。"

乌江下游有两条支流，一条叫洪渡河，一条叫芙蓉江，正安县正好位于这两条河的上游。正安是烤烟大县，而格林镇、斑竹乡是正安的烤烟之乡。

处在大山深处的朝阳村，海拔1200米，是格林镇的烤烟专业村，全村承担了3900多担的烟叶种植任务。

朝阳村委会副主任黄元学介绍说，收入要翻番，捷径是烤烟。烤烟是当地主要经济作物，也是许多农民脱贫致富的有效途径。去年全村种烟农户有104户，烟叶总产值350多万元，人均增收2000多元。虽说今年干旱，但烤烟比庄稼耐旱，总体收成比去年好。

在元村收购点，遵义市烟草公司正安县分公司验级员张军忙得不亦乐乎。张军老家是南川的，听说我们是重庆老乡，又是端茶又是递烟。"这一带产的烤烟又多又好，所以公司专门在朝阳村设立了烟叶收购站。"他说，"烟草公司和每家烟农都要签订收购合同。当行情不好的时候，就会出台烟叶收购最低保护价，确保烟农的利益。"

据了解，正安人口近60万，人均耕地不足0.8亩，且土质瘠薄，是国家级的扶贫开发重点县。以前农民单靠种粮为生，人均年收入仅几百元。大山里的农民，一直在为争取温饱、摆脱贫困而忙碌、奔波。

烤烟改变了山里人的命运。近年来，由于因地制宜发展特色农业，调整了产业结构，农民的收入大幅提高。人们恍然大悟：种一亩烟可净赚几千元，是过去种稻种玉米的好几倍。"要想有钱花，栽烟胜庄稼；农村要致富，争当种烟户。"新农谚迅速在大娄山区流传。

从格林镇沿公路前行至斑竹乡新模村，沿途都是成片的烟叶基地。密麻麻，绿油油，齐整整，好一派丰收景象。

但路旁仍不时可见"女孩是民族的未来，保护女孩就是对民族的最好继承""读完初中，再去打工"的标语牌。这些早已锈蚀的标语牌，还在向过往的行人展示那段贫困的岁月。

黄元学告诉记者，过去，这一带少数民族山区穷得要命，农村家庭多器重男劳力，生了女孩都嫌弃；而南下北上的打工大军中，经常出现未成年人的身影。

"这些是多年前的事。现在不同了，年轻人外出经商务工，留在家里的老人和小孩在山里种烟，"新模村烟农郑光明说，"但在家的收入不比外出的差。"

栽烟如种菜，技术简单，活轻松，老少咸宜，妇孺皆知。

在新模村一农户门前，14岁的女孩徐勤带着堂哥的两个小孩正在晾晒烟叶。徐勤从小是个孤儿，她告诉我们，至今不知道父母姓甚名谁，她是被养父捡回来的。在她几岁的时候，养父生病去世了，此后她跟着养父的堂哥。

邻居夸道，这娃儿勤快，堂哥和堂嫂出去打工了，她放学后就帮家里的伯爷（堂哥的父亲）煮饭干活，栽烟、收烟、晒烟都在行，里里外外一把手。

徐勤说，烤烟解决了学费，她已小学毕业，刚好上中学，她最大的愿望是：将来上大学。

2011 年 10 月 25 日，《重庆日报》第四版

远山仡佬

务川，位于贵州省东北部，东与德江、沿河相连，西与正安、道真毗邻，北与重庆彭水交界。

乌江水系一级支流洪渡河，流经县内丰乐、都濡、大坪、柏村、蕉坝、红丝等乡镇后出境，境内干流全长125公里。

洪渡是仡佬族的母亲河，而濒临大河的大坪镇龙潭村的九天母石号称仡佬之源。

务川仡佬族苗族自治县大坪镇龙潭仡佬族文化村，是全国仡佬族文化保存较好的村寨，建寨已有700多年，是贵州省20个少数民族文化村和全省首批公布的14个历史文化名村之一，更是全国唯一的仡佬族文化保护建设村寨。

记者来到此地，但见环境优美，土地肥沃，山清水秀。据专家考证，这里是世界上最古老的仡佬古寨，有悠久的历史和厚重的文化积淀，素有"黔北历史看务川、仡佬历史看龙潭"之说。

"赏山村美景，品仡佬水酒，跳仡佬舞蹈，唱仡佬盘歌"，徜徉在龙潭古寨，真是特别的享受。龙潭村仡佬族占全村总人口的99%以上，为申姓仡佬族世居地。村民申二毛，自务川自治县大坪镇龙潭古

寨开发以来，就在自己家中卖起了风味饮食，每年单卖小吃一项，就收入两三万元，一说起旅游业，他比谁都亢奋："现在，龙潭古寨时来运转，来玩的人越来越多，我们的日子过得红红火火了。听领导讲，去年以来对9处工程以及部分民居进行改造建设，投入资金500多万元。过两年，古寨依托旅游发展，就业人员将达2000人以上，村民人均收入可达五六千元呢。"

我们来到仡佬族村寨采访期间，电影《远山仡佬》正在龙潭、九天母石、长脚滩等多个景点进行拍摄、取景。电视频道里播放着相关的新闻和花絮："务川仡佬文化底蕴深厚，民族风情浓厚，让我们在拍摄中灵感倍增。此影片预计3个月后将面向观众播出，届时让更多的人了解务川、支持务川，对务川的仡佬文化、旅游产业发展将起到助推作用。"北京中视美星国际文化传媒有限公司李萍萍总导演如是说。

影片《远山仡佬》以推动农村经济、社会、文化发展为主题背景，以不同时期的土地文化为主线，讲述了热爱自己生长的土地的仡佬人卜风的人生故事，歌颂了土地流转政策，展示了新时期的新农村建设新面貌。

仡佬人对电影既喜爱又稀奇。涪洋镇水坝村的冷水鱼庄的老板对电影更是情有独钟。他叫彭精奇，10年前还是涪洋镇文化站的电影放映员，人称彭放映。夫人叫冉光碧，是仡佬族中的才女，小坝小学的一名老师。

彭精奇向记者介绍，自己从小就是电影迷，高中毕业后，如愿进了当时镇上的文化站，开始学放电影，后来成了放映专业户。

电影也成就了彭精奇。1995年，因为放映工作优秀，他先后获得贵州省光彩事业奖、个体事业奖。

然而，20世纪90年代后期，电影在农村逐渐淡出。彭精奇也开始寻找新门路。

2002年一次去遵义开会。彭精奇说："我看到那里时兴农家乐，凭多年做宣传的敏锐，我意识到是一个机会。回到务川，我就利用自己的房子搞起了一家农家乐，像电影《青松岭》里的钱广，搞发家致富。"

彭精奇称："最初卖的是腊猪蹄等一些土菜，生意一般般。后来从重庆水产学院毕业的一个农技人员教了一招做冷水鱼的方法：将锅洗干净，放大半锅清水，将切好的鱼块放入冷水中，盖好锅盖，大火把鱼煮开，放上姜丝葱蒜。味道好极了！"

办鱼庄！为了把农家乐做好做大，彭精奇承包了一片山林，拦了一座堰塘。彭精奇说："做生意好比放电影，要想赚大钱，摊子先扯圆。"再修个大坝子，好几亩宽，建一排风雨亭，配上电视、音响，店堂、客厅请明星名流题写诸如电视剧《三国演义》主题歌的条幅。连打广告都没忘《甜蜜的事业》里的情节——"致富路上要争先，少生孩子多栽烟，冷水鱼汤更新鲜"。

冷水鱼一经推出，彭精奇的生意也就火起来。彭精奇说，"生意好的时候，一天要卖七八千块钱，差的

时候都是两三千，连德国、巴西的客人都来这里吃新鲜。"

　　彭精奇这回真的发了，但他不像钱广，倒更像《远山仡佬》里的主角——卜风。

2011 年 10 月 26 日，《重庆日报》第十版

寨门对着重庆开

　　今年9月，记者在道真仡佬族苗族自治县采访时，第九届全国民族运动会正好在贵州举行。作为运动会系列活动之一的民族村寨"选美"活动隆重开榜：一个鲜为人知的道真自治县洛龙镇大塘村，从参选的245个民族村寨中过关斩将、脱颖而出，成为"贵州最具魅力民族村寨"之一。

　　洛龙镇位于道真仡佬族苗族自治县东北部，东与武隆县浩口镇接壤，北与武隆县黄莺乡毗邻，距道真县城54公里，距重庆市武隆县城47公里，素有"黔蜀门屏""北门要塞"之称。

　　站在道真自治县洛龙镇磨盘山顶，一眼看三县：重庆市武隆、彭水两县的山川历历在目，而大塘这个边区小村就坐落在磨盘山下。

　　偏远、高寒，与世隔绝。有一首民谣描述它贫穷落后的过去："大塘山，山连山，男儿背力下四川，火烧苞谷有半碗，吃不饱来穿不暖，身上烤起火斑斑。"

　　记者是第二次来到大塘村，上次是参加"道真仡佬土鸡节"。在陈家土鸡餐馆，店老板很乐意让食客们分享他的创业传奇。

　　2001年，道真至武隆三级油路开工修建，来自渝黔各地的修路工人集聚大塘。一家专门招待修路工人的饭馆应运而生。陈建华和妻子刘小容投资2000元办起的这家小餐馆，主打菜是青椒童子鸡，由于当地鸡都在深山老林里生长，肉质嫩、香味浓、营养高，加之老板娘有一手独特的烹调技术，让食客们拍案叫绝。开张第一个月，餐馆就赚了3000多元，相当于夫妻俩当时近一年的收入。

"那是2004年10月，大塘土鸡借了名人的光开始在重庆扬名，之后前来休闲、度假就餐的客人不断上升，"店老板回忆说，"最多的一天来此用餐的客人达160余人。"

为满足顾客的需要，2005年初，陈建华投资30多万元，修建了1000平方米的两楼住房及餐馆一栋，可同时容纳150人用餐。环境舒适了，来吃土鸡的客人迅速增多。大塘土鸡声名鹊起，不胫而走，重庆城区、武隆、彭水等地的客人慕名而来，一饱口福。

大塘村20个村民组，总人口4000多人，其中仡佬族苗族居民占80%。境内拥有丰富的自然资源：万亩竹海、万亩生态林，胜似仙境的牛角洞、打缸洞，海拔1900米的磨盘山，还有被称为"植物活化石"的银杉，以及黑叶猴等国家一级保护动物。

记者与贵州道真仡佬族村民的合照
↓

为什么不向重庆游客敞开寨门，像仅一山之隔的武隆芙蓉洞、仙女山那样发展旅游业？

一道农家菜，给这个边区小山村带来了商机。大塘土鸡，也鸡生蛋蛋生鸡，逐渐成为一大品牌，带动了一条产业链。

村里人告诉我们，结合新农村建设，大塘村集中"四在农家"创建、农业综合开发项目、扶贫开发项目等各项经费，修建了一条长300米的古香古色的民族新街、100多套仡佬民居，硬化人行道1800米，兴建300立方米的蓄水池两座，近400户人家喝上了清洁卫生的自来水，移动机站、联通机站和宽带网络工程以及休闲娱乐运动场所陆续建成。

大塘的变迁，使洛龙镇的领导受到启发：旅游为媒，经济唱戏。镇里制定了"依托遵义贵阳，融入重庆长江，发挥边关优势，发展民族边贸，把洛龙建成省际周边区域经济强镇"的发展思路，实施以"镇域中心开花，道武公路连接，磨盘开发兴起，大塘边界突破"的发展战略。通过仡佬民间文化街以及"黔北民居"打造，借助道真强力推进旅游开发之机，力争用最短的时间与重庆金佛山和仙女山接轨，形成三点环绕型旅游带，成为重庆及周边游客休闲、避暑的后花园。

我们走在古镇上，那浓郁的仡佬民族风情，令人流连忘返。洛龙镇先后投入巨资对洛龙古镇进行了修复，对清代的戏楼和古建筑"四合院"、烟馆、老茶楼、古马栈道及民国碉堡进行了修缮和保护；传承100多年历史的洛龙花灯，开始在大街小巷进行表演；仡佬族油茶、泡粑、三幺台、斑鸠蛋豆腐等美食文化得到了挖掘、弘扬。一到金秋，镇上还要举办盛大的仡佬土鸡节，让万千客商回味悠长。

大塘土鸡，催生了一座繁华的边贸旅游集镇！

2011年10月27日，《重庆日报》第五版

天凉好个秋

今年中秋，"秋老虎"肆虐火炉重庆，可对于南川区大有镇道南公路（贵州道真县至南川区）沿线的农户来说，却是做旅游生意的最好季节。

大有镇地处南川城区东南，金佛山东坡，与贵州省的道真县大矸镇接壤，距城区50公里，是南川南部特色旅游区重点旅游镇和边贸重镇之一，海拔最高2100米，年平均气温16℃，是夏秋纳凉的好去处。

境内的马脑城墙，曾经是抗蒙故地。站立于城墙之上，当年金戈铁马、征战沙场的画面浮现眼前，不禁让人热血飞扬；峡谷里溪水静静地流淌，独一无二的细鳞鱼儿在水中自由徜徉；民居小院，依山而建，别具匠心；农家茶饭，飘扬着无尽的乡土气息，让久居都市的人们回首过往，追忆逝去的年华。

如此得天独厚的清凉世界，让大有镇道南公路沿线的不少农户开始做起了乡村旅游的文章，不经意间，这里成了城市居民的避暑纳凉地。

位于大有镇石良路口的大有农家乐，今年夏天的生意还不错。老板涂兴伦说："已经把农家乐规模扩大了，可以接待几十人。夏天每个月每个人交800元，管吃管住，因床位有限，还得提前预订。"

涂兴伦说："前几年，每到夏天，重庆成千上万的人前往贵州桐梓县避暑。大家为何要舍近求远，主要是我们这边的接待条件有限，路不好走，住宿不方便。"

大有镇工作人员介绍：结合镇里独有的资源和主城区市民避暑的需求，最近两三年时间，利用新农村建设机遇及一些扶贫项目和扶贫资金，帮助道南公路沿线的农户进行了农房改造。现在沿线的农民居住条件发生了极大改变，许多家庭都修起了小洋楼，屋内屋外都进行了粉刷，装上了太阳能热水器，有条件的就借此办起了农家乐。"这个办法一举几得，既改善了农民的居住环境，也培育了当地的乡村旅游经济，还带动了不少农户增收。"

涂兴伦讲，现在道南公路沿线的农家乐加上好一点的农户家，接待能力比以前增加了不少。今夏，高温天气让大有镇的纳凉经济非常火热。7—8月，就有近5000名来自主城的客人前往大有一带歇凉，部分农家乐每月的毛收入几万块。"到大有镇歇凉一样舒服，还近得多，价格却与去桐梓县差不多。"

众多避暑的人前往大有，也让更多靠近公路的农户加入建设农家乐的队伍中来。

大良村二组与贵州道真县大矸镇接壤。村民陈云友说，即便"在主城最热的时候，这里的气温晚上也只有20来度，还要盖被子"。今年，他家两兄弟一合计，把房屋改建成20多间砖瓦房，办起了农家乐。"房子正在修，今年的生意肯定赶不上了，等明年吧。"

陈云友的算盘远远不止做点纳凉生意，他修建的农家乐与贵州地界只有几十米，进入贵州地界后就是道真县大矸镇的魔幻天城和野人谷两大景区。"最近两年，去耍的人多起来了，很多人在出省界之前都要停下来照相，或者住宿，这是个机会。"

大有镇党委书记韦晓鸿说，大有镇距南川城区有50多公里，要一个多小时车程，但渝道高速公路修通后，从南川城到大有纳凉只需15分钟，从主城区到大有也不过一个半小时，这将大大缩短城区市民到达大有纳凉点的时间，相信届时纳凉经济将会更加红火。为承接重庆市百万市民到贫困地区避暑纳凉，我们创新扶贫开发新模式，全力打造居住型休闲农家乐，助推农户万元增收。水源村被重庆市扶贫办纳入"两翼地区首批避暑纳凉乡村"。

事实上，大有镇大多数贫困乡村海拔高、植被好、空气清、风景美，实为避暑纳凉好去处。为此，大有镇计划从水源村到石良村，沿着渝道路10公里长的公路两边，打造100户高山避暑纳凉接待户，这将极大提升大有镇农家乐的接待能力和接待水平。

不仅仅是大有镇看到了纳凉经济的前景，与石良村接壤的大阡镇三元村公路沿线，不少仡佬农家也正在大兴土木修建农家乐。大家好像比赛着做生意。

重庆的秋季，酷热难当，但对山里人来说，却是"天凉好个秋"！

2011 年 10 月 31 日，《重庆日报》第三版

挂羊头卖"三宝"

　　羊角镇，位于武隆县境乌江河畔。这里依山傍水，环境优美，是重庆有名的千年古镇。史料记载，清乾隆年间，李家湾山崩，乱石泥流在江中堆积成碛，形似羊角，得名羊角碛。由于此处是千里乌江第一长滩，滩险水急，上下货船均需要"盘滩"，货运、商业、服务业逐步兴起，形成码头集镇。

　　金秋十月，收获的季节。还没到镇上，只见319国道两侧到处都是摆摊设点卖枣的。青春村的老罗一边吆喝生意，一边热情地介绍："买几斤嘛，这是猪腰枣，本地特产。听说过没有，羊角有三宝，豆干、老醋、猪腰枣。"

　　羊角是中国豆腐干之乡，千来米长的羊角镇，居然排列着"羊角""杨聂""王平""樊三""双鸽"等二三十家豆制品店。

　　"羊角豆干是利用羊角镇的地下水，加上武隆山区的多种中药材制成的卤水，经反复卤制而成的，已有200多年的发展历程。过去，豆干是乌江船工的干粮，羊角镇几乎家家户户都做豆干，然后拿到乌江边去卖。"羊角老醋商店的掌柜是位男士，他对羊角的历史、风俗了如指掌，"羊角老醋更是老字号，源于明朝中期，至今已有300多年历史。

羊角老醋经历了曹、田、黄、高四代，现在的羊角老醋属第四代传人。'要险不过羊角渡，要香不过羊角醋。'1985年，羊角醋被列入《中国土特名产辞典》。"

"羊角三宝"得以扬名，除了船工外，主要是游客。20世纪90年代，随着武隆旅游业逐渐兴旺，过往游客日益增多，他们将羊角豆干、羊角老醋、羊角猪腰枣作为旅游产品、礼品带到四面八方。

可是，羊角豆干、羊角老醋经历了从作坊向国有企业，又从国有企业向私营企业的转化，产品产量和技术要求已不能满足市场要求，而产品质量、卫生、食品安全也成了羊角食品业做大做强的难题，羊角猪腰枣也不例外。一段时期，甚至外地的路边店、路边摊"挂羊头卖狗肉"，以假乱真、以次充优。"羊角三宝"一度被外界视为假冒伪劣的"杂牌军"，令众多游客、食客摇头不已。

深刻的教训，使羊角人成熟了许多。当地人学会了保护自己，并思考着如何"挂羊头卖三宝"——打羊角的金字招牌，卖货真价实的宝贝。

建工业基地，开展招商引资，通过规模生产、技术改造，做大做强食品产业。

在羊角镇鹅岭村，记者参观了食品工业创业基地。这里已集聚羊角豆制品有限公司、曹氏醋厂等食品工业企业20余家。羊角豆制品有限公司是集研发、生产、销售为一体的豆制品生产型企业，采用高新技术改造传统食品工艺，把分散的落后的作坊式加工提升为现代工业化生产，形成年产3000吨的豆制品生产能力。投资4000万元的远达枣业公司是一家专门从事枣树栽植、管理、果品加工、销售的龙头企业，年需猪腰枣原料600万斤。我们在生产车间里看到，蜜枣、枣干、枣茶、枣酒、枣醋等产品正从现代化的流水生产线上源源不断地下线，据悉这些产品畅销全国各地。

申请原产地保护，把羊角老品牌的根留住。羊角镇共有二十几家豆腐干作坊，7户商标注册，除羊角豆制品有限公司的"羊角"著名商标外，还拥有"樊三""王平""双鸽"等明星产品，先后获"消费者信得过""消费者满意""质量放心"产品称号。羊角曹氏老醋企业年产量1000吨以上，注册商标2个，其中重庆市著名商标1个，消费者喜爱产品1个。

农产品地理标志是保护土特产原产地利益的一种形式。武隆猪腰枣继2006年被重庆市林木品种审定委员会确定为林木良种后，近期又争取荣获国家农产品地理标志认定。

我们在当地采访还听到一件新鲜事：今年8月，羊角镇加大宣传力度提升"羊角三宝"形象，不仅为"三宝"量身设计新包装，还利用淘宝网开起了网店。艳山红村大学生村干部田印、碑垭村副主任杨凌超成为羊角镇首批网络店掌柜，开张一个多月，"羊角三宝"就成为网络热销品：豆干销售金额近3万元，老醋销售金额约2万元，猪腰枣销售金额10多万元，客户源主要分布在东南沿海。

2011 年 11 月 2 日，《重庆日报》第九版

擒龙伏虎锁大江

　　江口镇位于武隆县东部，"头靠马鞍山，脚踩乌江边"，山高江险，虎踞龙盘。

　　"在建的银盘水电站位于江口镇上方两公里处，是乌江干流水电开发规划的第十一个梯级，上游接彭水水电站，下游为规划的白马梯级，是兼顾彭水水电站的反调节任务和渠化航道的枢纽工程。"武隆经济信息委员会主任景刚边走边向我们介绍，"该工程的开发任务是以发电为主，兼顾航运，总投资为80亿元。"

　　我们驱车来到银盘水电站大坝，映入眼帘的乌江，已是高峡平湖，碧波荡漾。好家伙，江对面整座山壁写着，"中国大唐：百年大计，质量为本。"山这面写着："安全第一，预防为主，综合治理。"

　　"请你们戴上安全帽！"正在工地巡查工作的大唐国际武隆水电开发有限公司设备部主任宋质根走过来打招呼，"我们这里规矩多，要求严。"

　　老宋说得没错。在安装间、中控室，墙上都张贴着中央企业安全生产禁令、大唐国际安全生产十条禁令、"三讲一落实"班组流程化安全管理挂图。老宋说："细节决定成败，态度决定一切。大唐国际很重视规范化管理。"

银盘水电站，正常蓄水位为215米，总库容为3.2亿立方米。水电站枢纽，主要由挡水建筑物、泄洪建筑物、电站厂房和通航建筑物等组成。大坝为混凝土重力坝，最大坝高78.5米，坝轴线长600米；厂房为河床式厂房，电站装机容量为60万千瓦；通航建筑物为500吨级单级船闸，目前正在进行基础浇铸。

银盘水电站工程于2005年8月8日破土动工，2007年12月3日实现大江截流，2010年8月二期围堰开始拆除，当年12月三期截流。工程导流采用三期导流方式：一期为导流明渠及纵向围堰施工期，原河床过流；二期为8孔溢流坝段及电站厂房施工期，在围堰保护下全年施工，明渠导流；三期为船闸及2孔泄流坝段施工期，在围堰保护下施工，由8孔建好的泄洪孔过流。

我们来到主厂房采访，只见工程技术人员和安装工人正在热火朝天而又有条不紊地安装水轮发电机。2010年7月开始第一台机组预拼装。次年5月25日，首台机组正式投产发电，日发电量达360万千瓦时。今年7月26日、9月28日，2、3号机组先后投产发电。"在机组安装过程中，我们强化过程管理，提高机组安装质量和工艺水平。投产的机组运行稳定，至今未发生一起非停或降负荷运行情况。"

宋主任介绍既专业又细致："目前正在安装的是4号机组，计划于今年12月底前投产发电。我们的目标就是确保'一年四投'任务如期完成。整个工程计划2013年底完建。"

一座水电站，4台机组在一年内同时投产，这在国内实属罕见。

银盘水电站机组成功并网发电，成为重庆市今年迎峰度夏的骨干电源。剩余的一台机组年底前投产发电，这将标志着银盘电站全面建成。工程建成以后，每年提供27亿千瓦时可再生清洁能源，相当于使重庆目前电力供应提高近一成，可有效缓解困扰多年的电力供应紧张矛盾。

兴修水电，利国富民。我们在工地采访时注意到一个现象：不少施工人员操的都是武隆话。据了解，银盘水电站建设期间，水电站工地常常人山人海，多的时候有上万民工参与挖导流渠、回填土石方、修筑护岸边坡等。这些民工中，来自江口的农民有大约3000人，他们每年收入两三万元。由于参与水电站等工程修建，江口镇农民人均务工收入在一两千元之间，占其人均年纯收入的30%以上。镇上的居民更是"触了电"，光房屋租金就够新建一座小洋楼。

　　银盘水电站的投产发电，无疑也加快了武隆建设"能源大县"的步伐。县委书记刘新宇告诉记者："继芙蓉江江口电站建成发电后，银盘水电站年底全面投产，接下来将建设乌江白马电站和芙蓉江浩口电站，届时全县总装机容量将达180万千瓦，位居全国水电强县前列。"正巧，记者翻阅《天险乌江奇趣录》一书，一首新民谣记录了当地的历史变迁："好个武隆县，旧貌大改观；穷山变富山，到处有水电。"

2011 年 11 月 8 日，《重庆日报》第五版

响起了船工的号子

　　国庆长假，"印象武隆"实景歌会在世界自然遗产、国家5A级景区仙女山隆重亮相。节目以濒临消失的"号子"为主要内容，通过艺术形式再现巴人在险境中顽强求生又乐观豁达的意志，唤醒人们对非物质文化遗产保持关注。

　　乌江是画廊，雄奇险峻，风景绮丽，"船在画中行，人在画幅中"。清代诗人翁若梅赞赏乌江重庆段风光："蜀中山水奇，应推此第一。"

　　但乌江也是天险。从涪陵至龚滩188公里航道，峡谷长度占河段总长的70%，险滩146处，平均每1.3公里有1处。"天险乌江滩连滩，过滩如过鬼门关"，让多少船工、纤夫唉声叹气。

　　"乌江重庆段有'九堰十三峡'之说。'九堰'是指白涛堰、白马堰、巷口堰、江口堰、铁碛坝堰、罗家沱堰、三洞碛堰、万足堰、洪杜堰。"重庆市乌江航道管理段的老船工黄康林对乌江地名滚瓜烂熟，"十三峡即三门峡、边滩峡、盐井峡、瓢儿峡、中嘴峡、咸山峡、鲁居峡、门栓（闩）峡、罗家沱峡、磨寨峡、马蜂岩峡、龙门峡和半边峡。"

　　乌江上最贫困、最辛苦的是拉纤工人，1949年以前叫"扯船子"，大多数来自贫困的农民。他们肩挂用楠竹条编扭而成的纤藤，手扒岩石，足蹬岩穴，弓身驼背，在悬崖绝壁上吃力地拉纤。稍有不慎，就会掉入江中，葬身鱼腹。船工号子正是他们艰难生活的实录。

"床上横起困，脚杆打不伸，面前一盏啥，孤魂灯；田产已卖尽，当了祖宗坟，剩下半条命，孤一人；抽完这一口，哪管下一顿，只要熬得到，明早晨；阎王把我等，小鬼在催命，让我烟烧完，就启程。"

"乌江水哟，日夜流啊，扯船的人儿夜夜愁啊。老婆娃儿像瘦猴啊，裤子穿得像个马笼头啊……"

从羊角新街往白马镇方向下行不远，乌江峡谷边有一排几层高的楼房，房顶立着字牌：武隆航道。这里至今还住着一些老船工，如陈功福、朱跃财、罗时勤等，但他们差不多年近七旬，早已退休养老。

声若洪钟、中气十足的陈功福老人告诉记者，从涪陵白涛镇溯江而上，要数羊角滩最险。羊角滩由锄脑头、三叉石、烂马石、斗篷石、捎鱼角、灵官滩、拦马石和新滩等组成，长约2.5公里，是乌江最长的滩。

《涪州志》记载："山崩成滩，乱石棋布，绵延五六里，转峡处，江水高数丈，湍急激涌。上下船必出载，虚舟乃可行也。"民间也有一说："五里羊角滩，十船九打烂。"

"闯滩、放滩、盘滩，是船工、纤夫最危险的工作。一般情况，十余人一组可完成拉船摆渡。但遇上长滩急水，需上百甚至数百名纤夫同时拉船，场面十分壮观。"戴老花眼镜的罗时勤老人回忆着往昔的时光。

纤夫们脚蹬石窝，手抓凸石，吼着阵阵号子，气势磅礴，撼天动地。

领首的纤夫大声吼叫："一声号子我一身汗，一声号子我一身胆。"纤夫们就跟着吼叫："吆一喝，嘿，嘿佐佐，嘿！""过高山犹如走平地哟，嗨咳吆二嗬！过大河犹如过小溪哟，嗨咳吆二嗬……"

号子是拉纤者统一行动的号令，也是纤夫生活的调节剂、添加剂，他们往往用号子来表达《纤夫的爱》。

"清早出门好风光，碰到幺妹洗衣裳。手中拿根锤衣棒，活像一个孙二娘。打得鱼儿满河跑，打得虾子钻裤裆。"

"二四八月天气长，妹在船边洗衣裳，捞起江水棒棒打，敲得哥哥心发慌。"

如今，乌江上的纤夫随着轮船的机动化以及公路的开通逐渐烟消云散，但乌江纤夫号子走入了文艺舞台，并列入非物质文化遗产加以保护。

原羊角镇副镇长胡代林一直是乌江号子的挖掘者、保护者。在文化馆里，老胡拿出纤夫们留下的纤藤、羊子进行示范表演，那一招一式，挺专业的。他告诉记者：他生在乌江边，长在乌江边，对乌江号子有着特殊的感情。这些年，他和几位老船工一起研究整理乌江号子，出了不少成果。去年5月，他和乌江航道管理段的4名老船工，作为上海世博会重庆馆区的现场演员，为游客表演了原汁原味的乌江船工号子。

说话间，老胡拿出光盘放给我们观赏，现场顿时响起了高亢的乌江号子："嘢嘢嘢，嘢哟嗬嘢哟嗬，嘢哟嗬嘢哟嗬嗨嗨！"

2011 年 11 月 9 日，《重庆日报》第三版

夹皮沟里的园区梦

进入武隆县的白马镇场口，一座奔腾的白马的巨型雕塑跃入眼帘。马，是一种图腾，寓意着当地人梦想的腾飞。

在外地人眼里，如今的武隆县有两大亮点：一是旅游胜地仙女山镇，二是工业园区白马镇，前者被称为"绿衣仙女"，后者被称为"白马王子"。

但很长一段时间，武隆人围绕"仙女"和"王子"的关系，出现了激烈的争论。不少人士对武隆县的发展战略有所质疑：作为生态旅游大县发展工业，是否会在生态环境、景观保护上形成冲突，会不会以牺牲环境为代价？另一种意见：武隆根本不适合发展工业，且不说矿产资源匮乏，连放工厂的平坝子都难找。"好个武隆县，衙门像猪圈；大堂打板子，河滩能听见。"尽管说的是历史，现时也好不到哪里去。

"我1982年从泸州化专毕业后被分配到武隆工业战线。那时的交通非常落后，从朝天门坐船到武隆要一天一夜。县城街道只有150米长，路灯只有10多盏，在那样的环境下，根本谈不上发展大工业。20世纪90年代，随着双白路、319国道打通，武隆的大门开始向外界敞开，旅游业也迎来发展期，但武隆的工业一直是短板。"县政协副主席黄崇义见证了武隆工业发展史，"武隆是国家级的贫困县。旅游富民不富财政，如果工业不发展，财政压力大也会影响旅游建设和促销。"

领导班子一直在思考武隆发展的出路，多次到周边区县"取经学艺"。结论是：工业不发展，经济要落后。"工业富县，旅游兴县"，成为武隆县发展的新战略。

2003年，武隆县白马工业园区经市政府批准设立，2006年经国家发改委核准为市级特色工业园区。几年时间过去，工业园区却几乎没有发展。一个重要的原因在于武隆的区位不占优势，加之工业基础薄、地方财力弱等因素，直至2008年，武隆工业园区才正式启动基础设施建设。企业入驻成本高，入园企业也仅有一家氧化铝厂。说到这儿，黄崇义感慨不已。

武隆工业园区管委会办公楼就设在白马镇工地，陪同我们采访的管委会副主任倪谦说，2009年，随着高速公路开通，影响和制约工业发展的因素也开始得到化解，白马工业园区正式启动基础设施建设。次年，武隆县委、县政府响亮提出"旅游富民，工业强县"的战略发展目标，要将工业园区打造成为百亿级园区。县长郭忠亮亲自兼任工业园管委会主任，县委常委杨国权、政协副主席黄崇义分别兼任管委会常务副主任和副主任，其他工作人员从全县各行业部门精选调任。"三位主要县领导强力担纲工业园，在重庆市也是独一无二，这充分显示武隆县发展工业的决心。"

于是，"领先目标、园区速度、铁人精神、武隆奇迹"，成为县委县政府对工业园区的新要求；"想创业，能创业，会创业，风风火火创大业；想干事，能干事，会干事，干干净净不出事"，成为园区人的新口号。

记者在白马镇大山沟里看到，建设中的工业园正在热火朝天进行，施工建设现场，挖掘机不停轮转、运输车往来穿梭；石梁河大堤、护坡、土石填方平场已经完工，2平方公里的工业园基础设施已经初具规模。

集团招商，园区建设，服务保障。在没有雄厚的财政支持下，武隆人靠着"以情招商、以诚招商"的精神，"走遍千山万水，想尽千方百计，历尽千辛万苦，说尽千言万语"，取得招商引资的重大突破。到目前为止，武隆工业园区，签约和落地企业累计达35个，仅今年已签正式协议项目20个，总投资额47亿元，产出规模达89亿元，其中投资上亿元的项目达7个。

隆泰稀土新材料股份有限公司总经理张大林告诉记者，他的公司是去年9月引入武隆工业园区的，占地373亩，总投资10亿元，现已有部分生产线投产，项目全部建成后，年产能力将达到30万吨，产值20亿元以上。他对工业园竖起大拇指："我们看中这里，关键是效率高、服务优，软环境好！"

在"工业强县"战略引领下，武隆县的工业发展取得了历史性的飞跃。2010年，武隆工业园区获得重庆招商引资优秀工业园区称号。今年上半年，武隆县地区生产总值34.12亿元，增长18.6%，增速居重庆市40个区县第八位，在13个同类考核县中取得第一位的历史最好成绩。

武隆工业园区的腾飞梦正在变成现实！

2011 年 11 月 10 日，《重庆日报》第三版

埋在地心的红色记忆

从白马镇顺江而下，在涪陵白涛镇过建峰乌江大桥，来到一处隐秘的军工洞体，这就是816地下核工程。

816军工洞体是继中国第一套核反应堆建设之后，1966年由周恩来总理签署命令批准在西南建设最早的核工厂。该工程1967年开工，前前后后共用人力6万多人，工程总投资7.4亿元。1984年停工，2002年解密。2010年10月16日，这座"世界第一大人工洞体"正式作为旅游景点对外开放。

816主洞口位于一裸露的石灰岩处，位置并不显眼。洞的左边是一幅毛主席语录："我们不但要有更多的飞机和大炮，而且还要有原子弹。"洞右侧立有一块广告牌，上书国际著名景观大师俞孔坚的评语："816核工程的伟大，足以和三峡大坝媲美。"

主洞口原先的铅门已被拆除，墙体上剩下一道2米宽的凿刻痕迹，显示着当年这扇数百吨的铅门所有的宽度。据导游小姐介绍，洞体内曾经还装有一道道铅门，由光电控制，只要核爆炸一闪光，铅门就会自动封闭，这在当时算是最先进的技术。

进洞门后是一条长约数百米的主隧道，可容纳解放牌卡车通行。

墙体上还留有当年的红色标语："革命战士是块砖，哪里需要哪里搬。"1967年2月，工程兵第54师所属三个团入川承担起816工程的建设任务。因番号是"8342部队"，很多新兵以为到北京保卫毛主席，到了部队驻地才知是怎么回事。但军人的天职是服从。他们在这里一干就是几年，那是一场特殊的战斗。

洞体的核心是核反应堆大厅。记者在现场看到，该大厅高达79.6米，相当于20多层楼房的高度，面积有一个标准足球场大。洞内第8层，是核反应堆的"锅底"，设备基本保存完好。"锅底"上直径七八厘米的小孔多达2001个，主要用于核材料、核能量的交换。

拾级而上，可到9层中央控制室。过道上的革命口号至今清晰可辨："一不怕苦，二不怕死"；"一不要名，二不要利"。进入控制室，可看到一些圆形的巨型显示仪表，那是1980年中国最先进的中央控制计算机组。

"目前开放的部分，还不到这个世界最大人工洞体总面积的十分之一。"老田是参与兴建816核工厂的一名职工，进厂时他才十五六岁。据他说，整个洞体共有大型洞室18个，道路、支洞、隧道等130多条，总面积10万平方米。洞体施工石方量达150万立方米，把当地的白涛河都给填平了。

李红是重庆建峰化工集团公司旅游部门的讲解员。他爷爷曾作为军人参与816厂的建设。据前辈讲，1967年，工程兵8342部队所属三个团入川，承担起西南三线816工程的建设任务。1970年，参加抗美援越的一个团和留在酒泉基地的一个团全部归建。为了保密，战士们分区域挖洞，每个人都有自己的出入证，上面标明工作地点，严禁在工地随意走动。工程兵对外写家信也要经过检查，家属探亲不能进洞，很多老兵对身边的亲人保密了几十年。这是纪律。

参观完洞体后，我们去到3公里外的"一碗水"烈士陵园，祭奠在

816工程中牺牲的战士。一块纪念碑上镌刻着53名在施工中牺牲以及18名因病逝世的烈士的名字。

靳文国在工程停建前是816厂设计院的院长。他清楚地记得，"搞好三线建设，让毛主席睡个好觉"，是当时挂在嘴边的一句口号。作为技术人员，他每天负责检查工程质量，"工程兵的工作实在太苦，洞里又闷又热，除了必须要戴的安全帽，战士们经常只穿着一条裤衩，手持风镐，打眼、放炮，拼命作业。那么浩大的工程，难免发生事故，仅主反应堆大厅的挖掘就牺牲了50多名战士，8年时间中近百名战士献出宝贵生命，平均年龄不足21岁。"

"816地下核工程是我国'三线建设'这段不可磨灭的历史的代表性工程。作为曾经的核工厂实体，以旅游产品的形式对大众开放，无论在国内还是在国际都具典型性和唯一性。816地下核工程是一个不可多得的国防教育工程。"讲解员李红动情地说。

816核工程遗址于前年12月被列入重庆市市级文物保护单位。景点开放以来，已有成千上万的游客前来参观、考察。仅今年国庆期间，就有数千人来访，其中不少是中小学生。

2011 年 11 月 11 日，《重庆日报》第三版

大山深处的"花花世界"

　　涪陵白涛乌江大桥附近，路牌指向前方：山窝卷洞大木花谷。

　　大木花谷，原本是大木乡迎新村以种植大棚花卉为主业的花木基地，近几年开始种植向日葵，举办向日葵花节，带动周围居民开办一大批农家乐，使一个偏僻乡村蝶变为新农村的样板。

　　花谷所在地，原地名叫落东坝，海拔1000米左右，属高山冷凉气候，人烟稀少，是涪陵著名的边远村、山区村，农民种苞谷、土豆，年收入也就两三百元。

　　该乡负责人告诉记者，2005年，国内一家知名花卉企业的老总，看中了这里自然环境优势，森林覆盖率高，气候和北欧十分近似，突发灵感，想"拈花惹草"，搞花卉观光农业。于是开始租地种植薰衣草和向日葵。薰衣草试种了好多品种均不理想，向日葵种出来了，产值很低，还不够抵租金，但景观效果却出人意料地养眼。

　　2007年，天木农业开发公司试着搞个葵花节，一个月来了一万多名观光的"花花公子""花姑娘"。老总觉得方向对头了，有门儿。这年秋，公司加大投入，利用丰富的花卉种植经验，建成了目前国内规模最大、品种最齐的全温控海棠花园。向日葵的种植面积也比去年扩大了一倍。来自法国的狭叶薰衣草，这次总算被引种成功，大片大片的蓝色薰衣草，一望无涯，如梦如幻。

2009年是大木花谷接受市场检验的一年。花谷陆续启动二月蓝花季、鲁冰花季、葵花季等五彩缤纷的花卉节。这年夏天，在涪陵大木乡举行了重庆花卉与农业观光产业发展论坛，论坛邀请美国、日本等国家先进花卉企业家以及国内知名专家对花卉产业进行交流。与会者来到大山深处，被天堂般的"花花世界"惊呆了。大木花谷投资方天木公司董事长夏雨一语惊四座：未来几年，公司将投入8000万元，将大木花谷打造成全国面积最大的人工高山花卉主题公园。这一年，花谷一期的大尺度花海初步建成，花谷内成片种植葵花400亩以上，配种波斯菊、薰衣草、鲁冰花近800亩，并建有国内罕见的"吊钟海棠"观赏园。因其海拔1000米左右，和法国普罗旺斯海拔相近，风光相仿，被誉为重庆的"普罗旺斯"。

大木乡本来就是风景区，最受重庆市民欢迎的夏季避暑首选胜地武陵山国家森林公园就在其境内。该乡近百平方公里辖区面积，仅3700人，地广人稀，土地易于流转。

大木乡抓住武陵山的生态优势及大木花谷的人气优势，因地制宜打造成以观光旅游、休闲避暑为主的城乡统筹发展示范基地。

"去年，大木乡荣获全国环境优美乡镇的金字招牌。"乡领导自豪地向外界宣传，"今年，我乡投资36万元，对全乡农家乐进行升级改造。此次改造由政府出资，针对农家乐不同需求，增设床铺，改造厕所、厨房和周边环境。"

迎新村四组村民杨勇，在花谷边上开的避暑山庄——杨三毛农家乐，这次得到了升级改造。"外墙穿了新衣，厕所贴上了瓷砖，装上了冲水马桶、浴霸，我们还增设了床铺，屋顶安装了太阳能热水器。"杨三毛家的老人高兴地告诉记者，"我们这家子得了实惠，多谢政府

↑ 大木花儿香

了！"我们环顾四周，临近的幺毛农家乐、二毛农家乐都装修一新，看上去像豪华别墅。

为了规范农家乐经营，进一步提升农家乐服务质量，在大木乡政府的组织下，武陵村、迎新村分别成立了乡村旅游专业合作社，先后有100户农家乐入社。武陵村二组张辉荣借助乡里的扶持政策，注册了张辉荣果蔬种植场，妻子曾洪碧开办了农家乐向日葵农庄，并在大门口挂了一块牌子：武陵村游客接待中心。妻子忙上忙下，老张过来和我们闲谈："我刚参加完西南大学办的农家乐培训。我现在有几十亩蔬菜瓜果，有十几间客房，农家乐有点档次，游客不断线，一年也可赚个几万十来万元！"

向日葵农庄只是一个缩影。今年以来，大木乡鼓励、扶持开办微型旅游、餐饮服务企业，农业观光、避暑休闲的乡村旅游发展势头更加迅猛。截至10月，全乡接待游客20.5万人次，实现旅游总收入1650万元，同比增长200%多，农民人均增收639元。

2011 年 11 月 14 日，《重庆日报》第四版

鱼庄山庄唱对台

　　这是一道风景线。顺着乌江往下行,过了小溪隧道,越接近涪陵城鱼庄越多:周七鱼府、巴道鱼府、李姐鱼庄、何鲶鱼庄,接二连三。到了乌江桥头、老收费站一带,更是鱼庄扎堆:乌江野生鱼庄、正宗乌江鱼庄、美味特色乌江鱼庄等。

　　"但最近一两年,风向有些变了,涪陵近郊一下子冒出了一大群山庄。"在黄辣丁鱼庄,一位伙计和我们"吹牛";"江左岸的大梁山上有君临山庄、沐英山庄、瑞禧山庄、聚贤山庄,靠太极森林公园那边还有更高档的,如好友山庄、紫霞山庄等。竞争很激烈。"

　　山庄概念,是近年流行的新玩意儿,有人说是中国传统休闲理念和现代生活方式的"混血儿"。和过去的鱼庄、饭庄比,更推崇绿色、环保、原生态,是一个注重生态化、人性化的精神乐园。

　　涪陵荔枝园,位于城西南6公里的大梁山,古时又名妃子园。此园引种优良荔枝,并借用唐代杨贵妃喜食涪陵进贡的鲜荔枝这一史实,修建仿唐建筑物,形象地再现当年的盛况。有趣的是,园中特别建了钓鱼山庄,让游人忘情山水之间。

　　好友山庄,就在荔枝街道办事处乌江村。记者到此一游,算是开了回眼界。占地30亩，花红树绿，清风扑面。据"庄主"讲，山庄总投资1100余万元，固定资产450余万元，具有餐饮住宿、休闲度假、避暑纳凉的功能。建设有综合楼、多功能厅、会议室，可举办200人的会议，运动场、歌舞厅、钓鱼池可供180人休闲娱乐，500人可同时就餐。山庄总接待能力为每年5万人次以上，年营业收入328万元，2009年曾获重庆十佳最具特色农家乐称号。

涪陵地处长江、乌江两江交汇处。长江之南、乌江之西，是繁华的老城区，河东因两江阻隔，经济落后，发展缓慢。"河东一栋房，抵不过老城一张床"，老涪陵人，宁做城头鬼，不肯过江东。可三十年河东，三十年河西，风水轮流转。随着乌江二桥、长江三桥建成通车，江东片区出现了千载难逢的大机遇。

人们这才发现，江东那边山清水秀，风景怡人，宛若仙境。"围城"里的人如过江之鲫，争相涌向对面的插旗山、雨台山、天台山。山庄，于是一阵风似的建起来。

"这几年，山庄发展太火，连取名都是百花争艳。天台方向的看重风水，如龙凤山庄、龙泉山庄、骑龙山庄；雨台山方向突出风景，如桃园山庄、桃怡山庄、桃园居钓鱼山庄；有的山庄的名字取得雅俗共赏，诸如青山绿水、粗茶淡饭、五谷杂粮等，反正是八仙过海，各显神通。"江东两头望的倒流水山庄，曹老板、丘二都爱摆龙门阵。

"我们江东片区依托雨台山、插旗山、御泉河等旅游景观资源，打造集观光农业、休闲旅游、餐饮娱乐为一体的城市近郊'度假花园'。在涪丰路、涪焦路、涪天路沿线，建设巴渝特色的新农村示范带，发展各式农家乐。"江东街道办事处领导向记者讲述发展的思路。

去年以来，江东街道把扶持微型企业作为万元增收和统筹城乡发展的一项重要突破口，采取"认识到位、组织到位、宣传到位、咨询到位、服务到位"的"五到位"措施，全力推进开办微型旅游服务企业，吸引了众多群众参与创业。办事处成立了由主任任组长、分管领导任副组长，党政办、经发办、农服中心、工商等部门为成员的微型企业工作领导小组，要求所有机关干部驻村帮扶，务求将此项工作抓实抓好。截至目前，街道已受理创办微型企业申报业务100多户，申报成功的山庄、农家乐达数十户。

涪陵区也成立了农家乐协会。农家乐协会充分发挥桥梁纽带作用，扩大会员规模，提高服务经营水平，打造特色品牌。据悉，涪陵城郊目前拥有各类农家乐企业数百家，其中有四五十家山庄成为农家乐协会理事单位。

2010年，通过市区两级农家乐等级评定委员会评选，首批11户农家乐如愿摘"星"，而进入第一方阵的几乎都是城郊的度假山庄。瑞禧山庄、好友山庄拿下"四星"，海翔山庄一马当先，勇摘金牌，成为重庆市仅有的5家"五星级"农家乐之一。

2011 年 11 月 15 日，《重庆日报》第三版

共饮一江水

　　千里乌江，发源于云、贵两省交界处，流经贵州、湖北、重庆等40多个市县，最后在涪陵汇入长江。

　　乌江流经的大部分地方，也是中国经济社会发展相对落后的地区。如何开发、利用、保护好乌江，带动乌江流域的经济社会可持续发展，成为这4个省市，尤其重庆与贵州两地十分迫切的任务。

　　11月15日，就乌江流域的合作与发展，记者采访了乌江流域社会经济文化研究中心专家李良品教授。

　　长江师范学院靠近涪陵区乌江与长江的交汇处，学院下属的乌江流域社会经济文化研究中心是国内唯一一家以乌江流域为主要研究对象的学术机构。

　　"最早对乌江的研究，可以追溯到1990年。当年，有三拨人相继不约而同地考察乌江流域，一拨是原涪陵师专的黄建明教授，一拨是涪陵电视台的新闻记者，一拨是贵州省的专家。"李良品回忆道，"无巧不成书，这三拨人在贵州思南不期而遇。考察归来，黄建明教授写了一本关于乌江的小册子，从而拉开了研究乌江流域经济社会发展的序幕。"

此后，几经争取、充实和调整，2005年，乌江流域社会经济文化研究中心终于在长江师范学院正式挂牌。

李良品是研究中心主任，短短几年时间，他带领中心的研究人员，跑遍了乌江流域沿途的各个区县。"考察是全方位的，历史、地理、经济、社会、文化、风俗等都要去调查、了解。"

在李良品的眼里，乌江流域所经过的区域，大部分与大娄山、武陵山区重合，多是老少边穷的地方，也是各自行政区域内的"边角杂料"。过去相当长的时间内，乌江两岸聚集了很多人烟，这些地方的主要通行方式就是依托乌江水路。随着梯级水电站的修建，航运功能被逐渐弱化，区域之间的往来主要依靠陆路交通。人们赖以繁衍生息的乌江发生了变迁，当地人的生存、生活方式也随之发生改变。要解决这些欠发达地区的发展，就要了解这些区域的地理、人文，要明白解决交通瓶颈制约与条块分割对这些百姓的紧迫性。

李良品说，乌江干支流涉及4个省级行政区，这意味着乌江流域是分而治之，要在这种情况下解决一些跨区域合作问题，难度肯定不小。"就以我们做学术研究为例，要到别的区域收集资料，即便拿着重庆相关部门的介绍信去，很多时候对方都不愿提供。"

"要解决这些难题，仅仅凭一个乡、一个镇、一个县来协调是行不通的。"李良品说，"这需要更高层面协作才行。正是在这样的背景下，乌江山峡经济圈应运而生。这个经济圈包括贵州的沿河、思南、德江和重庆的彭水、酉阳、黔江等，其核心区域为乌江山峡沿岸地区，囊括人口200余万。与此同时，黔北道真、正安、桐梓等县与渝南南川、万盛等区近年开展了大娄山边区协作。"

双方互为需求，是解决乌江流域各地合作中难题的最大推动力。

贵州省社会科学院研究员王兴骥长期关注并推动乌江流域区域合作的研究。他多次沿着乌江走，包括到涪陵口岸实地考察。他也是李教授的座上宾。他说今年8月，重庆与贵州签署了全面战略合作协议，还分别与遵义、毕节两个地区签订了合作协议。按照框架协议安排，在"十二五"期内，重庆企业将在黔投资近1000亿元，包括交通、能源、汽车、电子信息产业等。通过合作，贵州也将为重庆的发展提供持续稳定的能源、资源及消费市场。

"这说明，渝黔合作已打破行政分割，从过去的边区、片区协作上升为省际合作、大乌江流域的合作。"王兴骥说，"随着渝黔两地经济、文化联系的紧密，将更有利于乌江流域区域合作问题的解决，并探讨出一种携手合作、分享机遇、共同繁荣的协调发展的机制。"

在王兴骥看来，除了陆路交通外，乌江航运和水污染问题，是整个乌江区域合作必须面对的难题。过去乌江没有电站的时候，航运可以从涪陵直达遵义的乌江镇。而如今在修建梯级电站时，各地出于不同利益的需要，航运没有予以充分考虑。如今，航运像"铁路警察各管一段"，只能在有限的区间航行。在未来的合作中，如何恢复主航道保证航运畅通并避免类似的问题出现，还需要从长计议。

另一方面，现在乌江水质安全是整个流域，也是长江流域特别是三峡库区关注的焦点。王兴骥说，能否通过建立起一套有效的补偿机制，来调动乌江流域各行政区域实施生态环境保护的积极性，这需要从一盘棋的角度来制定一些政策。否则，对乌江的综合开发、利用、保护都会大打折扣。

2011 年 11 月 17 日，《重庆日报》第三版

结束语

到今天为止，本报《千里走乌江》大型系列报道告一段落了。

此次大型采访，从贵州威宁县乌江源头始，到重庆涪陵乌江汇入长江止。历时两个多月，途经数十个区县，总行程4800余公里，发表了6万余字的新闻纪实报道，拍摄了大量图片，全方位展现了千里乌江流域在经济社会文化方面的风貌、生态、演进。

这次"走转改"，我们为基层百姓面对穷山恶水、穷乡僻壤所表现出来的坚韧、执着而感动，为各族民众增收致富、建设新农村所创造的新成就、新经验而欣慰，也为乌江水质频频受到严重污染而忧虑，更为酉阳贫困农民冯光国用59岁生命换回9岁生命的精神所震撼。

一路走来，让记者所见、所闻、所记、所录的事还有很多，同样需要思考、探索的也有很多。

乌江，太悠久，太深邃，太博大。通过这组报道，或许可以带给大家对乌江——整个流域不一样的视角，不一样的感悟。这是本报的期望，也是记者此行的初衷。

第二部分

乌江画廊

金佛 "探宝"

金佛山，南川人心中的宝山。

居南川市境之南，面积441平方公里，最高峰是风吹岭，海拔2251米。金佛山是国家重点风景名胜区，有景点及观景点80多个。南川人说："要想玩够金佛山，没有十天半月不上山。"足以说明金佛山内涵之丰富，景点之迷人。

然而，由于采访重任在身，不可能有闲时去玩够金佛山，可到了南川，又不能留下未到金佛山的遗憾。两难之际，还是南川人出了一个主意：山下探宝。

车载着我们在金佛山下转游起来，南川市旅游局的领导在车上抓住时机，向我们介绍起来："我们这金佛山春天是花的海洋，夏天是清凉世界，秋天是红叶尽染，冬天是玉树琼枝，四季景观，独具特色……"

说话间，车到了金佛山东面的山脚下，望着那高耸入云，陡峭如壁的山峰，感叹南川人真有福气，老天爷赐给了这样雄伟、壮观的大山。

"从这里上山，就能见到'金山四绝'中的两绝：大叶茶、杜鹃王。"导游向我们介绍说，"山上那株杜鹃王高12米，胸径1.2米，堪称杜鹃树之最；那大叶茶树大叶大，也是国内少见的。可惜，你们今天不能目睹其绝景了。"

导游的一席话，说得我们心上心下的，但也无奈，只好恋恋不舍地上车，打开车窗，望着那山上想象中的杜鹃王、大叶茶越去越远，直到车子转过山脚，看不到那山峰才作罢。

"金佛山是植物王国；共有植物5 099种，其中属国家保护的植物就有52种，最有名的除'金山四绝'外，还有被称为'金山三精'的人参、竹米、天竹黄。"我们还未从杜鹃王和大叶茶中回味过来，导游又向我们数起了家珍。

车转到金佛山西面的山脚下，从车里下来，导游指着那隐隐约约的山峰上说："那一片就是'四绝'之一的银杉，这银杉被誉为植物活化石……"这导游也真有本事，流畅的介绍中显出南川人因有宝的自豪感，也加强了我们这些外来人的羡慕之情。

整整一天，车就在山脚下转，我们只能顺着导游手指的方向，听她娴熟的介绍，想象着那被称为"世界独有，中国一绝"的15万亩的方竹林，以及人参、竹米、天竹黄等珍稀植物的景象。

天快黑时，我们才猛然醒悟过来，知道"受骗"，开玩笑地对南川的朋友说："你们这哪是让我们山脚探宝，是让我们山下望宝，而且望得我们心里痒痒的。"

"不这样，你们会下决心找时间上山探宝吗？"朋友说，"这样吧，今天晚上让你们在山脚下领略一下金佛山三泉的奇妙吧。"

三泉在西面山脚下的一条小河边，这里有三股奇妙的泉水：冷、温、烫。冷泉只有10多摄氏度，温泉有30多摄氏度，烫泉有60多摄氏度。泉边，建起一座温泉山庄。在河中间，修起一座温泉浴堂，三泉之水混合，供游人洗浴，奇妙无比。

在车上颠簸了一天，又被导游说得心痒的我们，舒舒服服地洗了一个"三泉"浴。在山庄里睡的一觉，我们做了一晚上的甜甜的梦……

蜀中山水乌江奇

千里乌江，千里画卷，历代文人，无不礼赞。其实，乌江之美，更美在支流上的稀世胜景。

乌江左岸最大的支流芙蓉江，源于贵州省娄山关东北部，在武隆县江口场注入乌江，流程180公里左右。

芙蓉江是乌江中游的一颗明珠，沿岸风光绮丽，雄秀峻拔。在旋坝，可以摸取色彩斑斓的五彩石，透着两百多米高的大石笋，观赏半壁飞泻的"龙孔飞漾"。在三河，可见到麻柳抱石、麻柳下河、麻柳过江。在坟天口，可观赏枫叶红江。在江口，可亲身体验那有惊无险的漂流……游览芙蓉江，可谓是山美、水美、食美，令人流连忘返。

芙蓉江上最壮观的是"鱼跃龙门"。龙孔上游三里处，是有名的"跳滩"。这跳滩位于两峡口，落差大，水流湍急。鱼溯江而上，游至这道关口，奋力一跳，凌空而起，"跳滩"便由此得名。

位于彭水县城外33公里，离乌江3公里的诸佛江畔的龙门峡，堪称乌江上的又一胜景。这"龙门"高25米，宽20.4米，厚11.6米，为悬崖峭壁上一半月形天然石门，蔚为壮观。以龙门为中心，方圆几里，山形独特，藤蔓垂挂，山花烂漫，众多溶洞乳石奇观引人入胜，若干墨客题

咏石刻供人鉴赏，流水绕山穿峡，鸟儿翻飞啾鸣，构成了一组赏心悦目的风景群。

这石门以龙为名，源于一民间故事。传说有龙欲从岩壁穿行，以取道乌江，潜回大海。山神发觉后佯装鸡叫，龙闻鸡鸣，疑将天亮，忙挺身而起，不料其尾大难掉，遂将山壁扭出一个半圆形洞门。龙虽受阻，百折不挠，顺山谷贴地拖行，竟拖出了一条诸佛江。

游龙门峡，可穿龙门而过，也可横走龙门顶。这里古榕横空，峭壁滴翠。石门右侧，一山突兀，名"汇上"，次第排列龙女峰、和尚顶、马鞍山、伏兔峰等10余峰。站在龙门顶上，检阅群峰，大有"万物俱下我独尊"之感。

距黔江县城20余公里，位于阿蓬江中段的官渡峡，因其水美、峡美，自然景观和人文景观密集，被誉为"小三峡"。

从官渡河大桥下，乘船溯江而上，只一里许，便入峡中。峡谷两岸，悬崖百丈，奇峰摩天，抬头蓝天一线，低头缍水一泓。沿途峡多弯多，山重水复，有诗写照："入峡疑无路，依山好放船。千寻云外径，一线瓮中天。"

在峡中，那些被当代人称为"龙舌头""仙人碓""仙人柜"的，其实都是崖棺。崖棺多在悬崖绝壁之上，有的是在悬崖坎上砌一平台，棺木置于平台。时至今日，这些崖葬棺古迹犹存。

乘船在峡中继续上行，可见"仙人跃""仙女峰"和"神岩"等美景，忽地想起一句古诗："船在画中行，人在画幅中。"

彭水观潮

下午到彭水时，正是酷阳高照，顿感热浪袭人，汗浸衣衫。

吃罢夜饭，舒舒服服地洗过澡，然后搬条独凳，坐在招待所房间的后阳台上观赏夜景。县委招待所位置特佳，在彭水乌江大桥头，脚下就是日夜流淌奔腾不息的乌江。

彭水是乌江的咽喉，江水自西南向东北而来，到了这里已属下游。彭水港是乌江航道最大的港口，往上航道狭窄，且有浅滩无数，300吨级以上的轮船不能通行，因此，300吨级以上的轮船到这里就是终点。彭水既是贵州客货轮必经的水道，又是黔江地区出入的门户。

乌江的夜，全然没了喧闹，江风习习中，大桥上，对对倩影在路灯下朦朦胧胧，两岸的灯光，倒映进平静的江水中，浮现出一座水下不夜城……观此景，不禁想起南宋诗人范成大到乌江留下的名篇："夜榜黔江聊濯缨，玻璃彻底镜面清；忽思短棹中流横，钓线随风浮月明。"

乌江的夜景，真美！

夜过10点，突然，桥上的"倩影"们纷纷抱头猛窜，繁星满天的夜空瞬间变得一片漆黑，斗大的雨点打下来，在平静的乌江里溅起片片涟漪，使水里的灯光摇晃起来。

这乌江的天，咋说变就变了？

几分钟后，轰隆雷声伴着大块的乌云滚过来，其势头可谓"黑云压城城欲摧"，彭水这座小山城顷刻间就被黑云遮住了。

"哗……哗……"大雨像盆泼一样，冲刷着已看不见一个人影的大桥、街道、两岸的山峰。乌江也翻了脸，发出"嗡、嗡、嗡"的浪涛拍岸声，江中停泊着的那几艘小轮上的灯光，也左右摇晃起来。

大约20分钟后，奇迹出现了：哗哗的大雨还在往乌江里泼，乌江顶上的天却繁星点点，月光明亮，连对岸山峰顶也清晰可见，但半山还是漆黑一团。

山顶上月光明媚，中间乌黑一片，底层大雨倾盆。这种三层天的奇特景观，确实让人今生大开了眼界。

这夜，躺在床上，无论如何也难以入眠了：窗外，乌江波涛击岸的呼吼声，一阵紧似一阵；室内，柔和的月光洒在床前，勾起对乌江无边的遐想……

次日晨起，顾不得洗漱，到阳台上看乌江。经过昨夜大雨冲刷的空气，更觉清新，两岸的山峰、大桥、街道、房屋都比昨日更亮了，大桥上，行人匆匆，与昨夜的悠闲倩影形成了鲜明的对比。桥下，乌江水也不见了玻璃澈底的本面目，浑黄的江水，汹涌而至，拍打在两岸的岩石上，溅起几米高的浪花……乌江发怒了，像一头发疯的狮子，咆哮着。

上午，与彭水县的同事说起乌江雨涛的奇特感受时，同事说："你们算是有缘了，领略到了'涪翁策杖观江涨'的奇景了。"

原来，在彭水县城南乌江东岸的峭壁之巅，有一"绿阴轩"。宋时著名诗人黄庭坚被贬谪到黔州时，常到这里观乌江潮，听乌江涛，吟咏下了"涪翁晚策杖，至此观江涨"的诗句。这位号山谷，别号涪翁，其诗文与苏东坡齐名的北宋著名史家、诗人，坐此观乌江潮时，与我们今天听涛观潮时的心境可能是截然不同的。

烧苞谷

"烧苞谷……烧苞谷……5角钱1个！"

实在没想到，在黔江地区采访，烧苞谷却成了山里的名小吃。

从山外来到山里，望着那些个被烧得黄澄澄的嫩苞谷，馋得人直流口水。买下一个近尺长的烧糯苞谷，用手抠下几粒苞谷米，丢进嘴里，细细咀嚼，又嫩、又脆、又香。

卖烧苞谷的小摊实际上很简单，一只小炭炉子，一背篼刚从坡上掰下来的嫩苞谷，用竹签穿上苞谷，在火上反复烧烤。起先，炭火烤得苞谷嗞嗞地响，待响声停时，烧苞谷色泽正佳，香味四溢。从摊旁走过的人，都会忍不住侧过头看上几眼。会享受者往往当即停下步子，掏出票儿买上一两个，边走边啃起来。

笔者在彭水县城乌江大桥头，亲见一溜儿摆着10余个卖烧嫩苞谷的小摊儿，生意都相当红火！

"大嫂，你这小摊一天能赚几个钱？"我们向一位40来岁的妇女问道。

她侧头瞟了我们一眼，见是外地人，便笑呵呵地答道："二三十块呗！"

↑ 卖烧苞谷的农家妇女

"你这嫩苞谷是从哪来的嘛？"

"自家办（种）的呗。弄来烧了卖，能多赚几个钱。"她说。

"其实，最有名的烧苞谷还要数我们土家族的。"在黔江县水市乡，年轻的乡党委书记蒲辉胜听我们谈到烧苞谷如何如何好吃时，马上就兴奋起来，"今天就让你们尝一尝我们土家族待客的佳肴——烧苞谷。"

蒲书记把我们带到一座土家小木楼里，主人叫冉光华，是一位科技致富能手。女主人付美菊见有远客光临，背起一个背篓就钻进了屋后的苞谷地，不一会儿，就背着半篓新鲜苞谷回来了。她麻利地把苞谷的外壳剥掉，只留下最里一层嫩白壳，据说这样烧烤不会把苞谷烧煳。

柴灶里的火点燃后，锅里也顺便烧些开水。这时候，女主人把苞谷放进灶里，用火灰埋着烧。待把水烧开、茶泡上，喷香的烧苞谷也递到了客人手里。我们一连吃了两三个，还觉得未过够瘾，临走时还拿上一个，边走边啃。

烧苞谷为何成了土家人招待客人的小吃之一呢？

蒲书记没有直接回答我们的提问，顺口唱出一段山歌："早晨吃的横起啃，下午吃的黄腊饼，要想吃个改色样，地里取根苞谷梗……"

原来，苞谷是山里人的主粮，一年到头，多半吃的都是这玩意儿。因此，在苞谷上弄出花色品种来。又香又甜、又嫩又脆的烧苞谷的确是一大特色，啃着这香喷喷的烧苞谷，比在城里吃火锅还过瘾哩！

"歌师傅"唱新曲

"苗族、土家族聚居的黔江，到处是歌的海洋。"黔江地区文化局局长黄成用说，"'三日无重句，辑录可成书'的'歌师傅'数以千计。"

"黄杨扁担软溜溜，挑担白米下酉州。人人都说酉州的姑娘好，个个姑娘会梳头。大姐梳个蟠龙髻，二姐梳个插花纽，只有三姐梳得俏，梳个狮子滚绣球……"

酷暑8月，我们在秀山听到了这首原汁原味的民歌《黄杨扁担》。溶溪乡84岁的苗族老人吴承镐说，这首歌在1949年以前，由他父亲吴国忠在省外唱红。

1949年以后，成渝两地的文艺工作者到秀山采风。民间艺人严思和演唱《黄杨扁担》被艺术家们发现并记谱，后又灌制成唱片。从此，《黄杨扁担》蜚声海内外，被誉为四川民歌的代表作之一。溶溪乡也被黔江地区行署命名为"《黄杨扁担》艺术之乡"。

黄成用第一次到秀山石堤去，见酉洞上的船手都是女的，甚为惊讶！他随口问石堤有些啥好看的，还有多远？不料女船主用一首悠扬的山歌来回答他："四川的女人没得石堤乖，石堤有个箱子岩（悬棺）。

三十六步鸡翅拐，七十二步才进街……"

"要进牛蹄潭，先把歌对来。"这又怎么回事呢？黄局长讲了一段故事：有一年，西南师范大学（现西南大学）的师生到黔江采风，坐船到牛蹄潭，岩上几名土家族歌手唱山歌，非要师生们对上

了才准上岸。在"歌师傅"面前，这些满肚子墨水的大学生们也不是对手，要不是船上的水手帮忙，可真要上不了岸。

被黔江地区行署命名为"苗族民歌之乡"的彭水苗族土家族自治县鞍子乡，是宋代著名诗人黄庭坚等文人墨客盛赞的"巴歌""蛮歌"的主要发源地之一，乡里的民歌手上千人，其中称得上"歌师傅"的也不下百人。

近些年来，鞍子乡党委、政府把弘扬民族文化与经济建设有机地结合起来。他们组织当地的"名歌手"把党的农村政策、致富路子等编成了近百首新民歌，由乡干部带头在群众中传唱，使农民们在唱民歌中学习了党的政策方针，找到了致富门路。

"金鸡拍翅闹洋洋，今天这里歌开场，开起歌场大家唱，唱到月落出太阳……"盛夏日落，鞍子乡的农民对歌会便在夜色中开始，一群刚从坡上烤烟地里采烟归来的青年农民唱起了一首新民歌："新打锄头两头尖，哥和妹妹去薅烟，哥哥薅起一路跑，妹妹撵得铲断苗……"

歌声在武陵山的夜空振荡，那优美、轻快的旋律，道出了苗家儿女脱贫致富的喜悦之情。

在黔江，还有一批"文武"双全的"歌师傅"。63岁的黔江县邻鄂乡松林村土家族老农简旺超，带领家人改土10年不辍，被誉为"土家愚公"，这位四川省第二届"李冰杯"奖获得者，其治山治水的事迹上了中央电视台，被作为"黔江精神"的典型广为宣传。可谁知，这位老人还是一位吟诗对歌的"歌师傅"哩！

今年1月中旬，四川省副省长张中伟冒着大雪，到他家看望"土家老愚公"，简旺超异常激动，稍加思索，一副春联就跃然纸上："省长心系咱农家长留春意；蓉城送来党温暖同乐尧天。"这副春联被作为今年春节的主春联贴于大门两边，给简家增辉不少。

60岁，是耳顺之年，在他60岁生日那天，简旺超自撰自写，贴于正堂的那副自勉联更绝，上联是："泰然蓬头垢面，披星戴月，怀山葱绿，水满塘，林成材，田耐旱，路埋平，勤垦已越耳顺"；下联是："安得返老还童，笑逐颜开，喜国泰平，民乐业，乡繁荣，村文明，家富裕，敬业再奔古稀"。

天造地设小南海

　　"波光荡漾与天齐，何异蓬莱瀛海兮！安得骚人同聚首，凌空一览众山低。"清人温朝钟的这首题小南海诗，把我们引到了距黔江县城北32公里处的地震湖泊小南海。

　　小南海原名小瀛海，位于黔江县后坝乡与南海乡之间，是一个融山、海、岛、峡诸风光于一体的高山淡水堰塞湖泊，也是目前国内保存最完整的一处古地震遗址。

　　据清《黔江县志》载："清咸丰六年（公元1856年）五月壬子，地大震，后坝乡山崩……溪口遂被堵塞。厥后，盛夏雨水，溪涨不通，潴为大泽，延袤20余里。"至今，当年地震形成的断岩绝壁——海口北侧的大垮岩、小垮岩等遗迹仍清晰可见。大小垮岩之下滚石密布，这些形状怪异的巨石直径一般为1~5米，大的10米以上，从数百米处被推置而来，在海口堆成大块。此块南北长1170米，高67.5米，坝内湖面2.87平方公里，浩浩渺渺，辽阔似海。

　　小南海四周秀峰环列，海口奇石林立，海内河港纵横，岛上绿树成荫，扁舟轻帆，红男绿女，穿梭于碧波之上，白鹭翠鸟、彩云淡雾，闲游于海天之间。置身其间，令人怡然自得，飘飘若醉。

小南海景观奇特，文人喻为蓬莱仙境。此言不虚，有诗为证：怪石嵯峨路正迷，忽然眼底漾琉璃。盘呈螺髻君山小，水涨鸭头栀担低。一粒斜阳照绿井，半钩明月钓清溪。时人欲识蓬瀛路，后坝乡中赛碧鸡。

游小南海，除荡万顷碧波外，最有趣的恐怕算登临"蓬莱三岛"了。

最大、最美的要数牛背岛。岛上草木争绿，杂花生树，四时不绝。猴群、麝香园，还有鸡狗猪羊，茅食竹楼。牛背岛后的倒牵溪虽不宽，却很深，隔断了岛与陆地的联系，彼岸是龇牙咧嘴的断岩残壁，虎视眈眈地盯着这头入水的巨牛。就在这座岛上，产生了许多优美动人的民间故事、神话传说。

朝阳岛是小南海中的第二大岛，此岛因有朝阳寺而得名。船靠岛边，拾级登岸，忽闻犬吠鸡鸣，一派田园风景。岛上珍稀古木铁尖杉气冲霄汉，古树虬曲接天连云，一泓竹色揭竿而起，碗口粗细，密密实实，一片葱茏。

湖心岛老鹤坪虽属最小，但东侧的金沙滩却挺别致。一滩的怪石排列井然，与水相戏，配上一岛的松风丛林，茶花栎木，相攀相扶，苍苍翠翠。

据专家论证，小南海作为全国保存原始风貌最好的地震湖泊，它除有风景观赏、疗养休闲的价值外，在自然生态等方面还很有科研、开发的价值。这一景区是天然的动植物园：森林资源异常丰富，有薄皮马尾松、黄杉、水杉、铁尖杉、香柏、紫柏香樟、楠木、银杏、黄檀、白花泡桐等140多种乔木；动物方面有虎、豹、黄猴、羚羊、麝、大鲵、巨蚌等，仅鱼类就有50多种。

小南海，武陵山区一颗璀璨的蓝宝石。

联苑今人胜古人

"春晖晴宇桃源黄莺啼对韵，夏蕴墨兰武陵青鸟弹双声。"在武陵山赏联，深深感受到这里文化底蕴的深厚。

"黔江地区吟诗作联的爱好者数以千计，仅地区楹联学会的会员就有上百人。"地区文化局副局长、楹联学会会长张玉林慨叹道，"长江后浪推前浪，联苑会人胜古人！"

看得出，这位文化官员谈起诗词楹联就眉飞色舞。而他本身就是一位地地道道的联苑高手。前不久，他拿出自己数十年的积蓄，自费出了一本集子，名曰《有容集》。此书辑录了他20多年来业余创作的诗词曲300多首，楹联1400多副。

1993年，正值黔江建区五周年之际，黔江楹联学会成立了，从此黔江的诗词楹联创作跃上一个新台阶。学会成立两年多点，就出了3本会员作品集，收入楹联2000多副，诗词400多首。有6位会员出了个人作品集，收入楹联万余副。

黔江人喜诗赋楹联，自然离不开武陵山水及传统文化的熏陶、孕育。历代文人墨客或流放于斯，或周游于斯，在武陵山留下不少墨迹诗篇。诸如黄庭坚、陈子最、杜牧、李洞、陈广文等，可以说武陵的九溪十八涧，地道风物，世事风霜，都曾通过文人笔下的诗词曲联，如今，武陵山人在古人们的濡染下，正沿着他们的足迹，在诗赋园地里辛勤耕耘。

楹联，在武陵文人那里可谓得心应手，一山一水，一物一景，乃至人物心态、个性好恶，均可顺手拈来，涉笔成趣。

"白头翁赏白梅采摘白果；红孩儿现红花攀登红藤。"这副对仗工整，韵味无穷的联语，原来是一副中药店联。

"戏乌江水，赏龙门峡，游小南海，摞桃花源，登万寿山，看酉秀黔彭石群峰如画；育油桐王，品黔龙烟，上青蒿素，攻电解锰，稳长毛兔，喜农林牧工商百业齐兴。"这副牌坊联，把黔江的秀丽风花、名优特产尽显其上。

有一则《永人身联》的楹联，才令人叫绝，把人身上的眼、耳、鼻、舌、口、手、眉、乳、脐、脚全用一副联语形象地提出。如写口的对联是："咀嚼八荒吞下酸辣甜苦；含溶万事吐出祸福吉凶。"写乳的联语是："人之初饭庄育出世代社会；舒而美诗苑占尽人间风流。"既惟妙惟肖，又含蓄优雅。

武陵人多幽默风趣，故谓趣联往往不胫而走。地区文化局副局长张玉林在与一朋友闲说中得知，该友在单位上司炉才，回家老婆耍横。故此，张局长特撰一谐联为友人鸣不平："武大郎当政，三个两个部下定会规规矩矩；母夜叉掌权，十家百家老公只能窝窝囊囊。"读来令人捧腹不止。

酉阳才是真桃源

　　幼读陶渊明的《桃花源记》，被文中描绘的"世外桃源"所陶醉，但一直未能弄清桃花源的所在。

　　这次进武陵山区采访，《涪陵日报》的李副总编就向我们推荐："我是酉阳人，县城边的大酉洞值得一看，传说那就是当年陶渊明笔下的世外桃源。"

　　清晨从黔江驱车，经大半天的颠簸，下午两点左右便到了酉阳县的大酉洞。

　　大酉洞高30多米，宽20来米，长100余米，系典型的石灰岩溶洞。酷暑，洞外热浪滔滔，洞内凉气袭人。洞顶，钟乳悬挂，错落有致，水落珠玑，叮咚有声。左右石壁有许多篆刻题咏，因年代久远，蚀损难辨。唯洞后左壁上，清季酉阳知州罗升梧手书的"太古藏书"4个斗大的楷体字清晰可见。关于藏书之事，清《酉阳州志》载说，秦始皇焚书坑儒，咸阳书生背着书籍，逃进武陵山区，将所背书籍尽藏于此洞中。

　　如今，这洞内略显空旷杂乱，一群少男少女席地而坐，围着几盘卤菜，猜拳行令，畅饮啤酒，想必是要在此领略一番陶渊明先生笔下的乡居野趣吧。

往里出洞，豁然开朗，眼前是一块山间小坝。此坝约10亩大小，四面环山，皆峭壁陡立，令人顿生与世隔绝之感。坝中草木茂盛，杂有几块粮田菜畦，一条小溪，穿过其间，沿石溶洞右侧流出，再入酉阳河。难怪，清《酉阳州志》称此洞"与陶渊明桃花源者，毫厘不爽"。

田中，一老农在沿江营地扯杂草，悠闲自得的样儿，颇有点当年陶渊明先生的韵味。

"老伯，这里咋没有桃树了呢？"我们向老农问道。

"这些年败喽！"老农抬起头来，见是远方来客，忙热情介绍道，"往年，这岩坡上，溪沟边，都是桃树，每年春天，桃花开得红一片，白一片的，都说是个大花园哩。"

其实，这仅仅是大酉洞的一景。据有关资料载，这大酉洞有八景：松峰耸翠、桃涧流江、机织烟霞、石鸣钟鼓、飞泉洒玉、石室藏书、玉盘仙迹、龟鹤遐龄。明季酉阳宣慰使冉天育在游赏大酉洞八景后，写下了一首《咏大酉洞八景》的诗："万山嶙峋洞天幽，结酬联翩作胜游。宵际松风青霭霭，洞边桃瓣水悠悠。云棱雾鼓劳天佬，匝地有声震钟鼓。泉飞断续落珠玑，石宝藏书真太古。玉盘注水何晶莹，饮之年如龟鹤龄。炎蒸涓尽还堪赏，莫使烟岚枉闭荷。"如今，这脍炙人口的诗还被武陵人传颂。

漫游大酉洞，这八景虽多不易见，但还是令人流连忘返。站在溪边，留下一张值得留念的桃源胜照。

大酉洞无论地形还是神韵都似陶渊明笔下的桃花源。

"酉阳才是真桃源，桃花源记非寓言。"清人陈广文在《桃源行》诗中留下的名句，已被武陵人重视。酉阳县政府目前正着手开发大酉洞风景区，按《州志》所记恢复旧貌。笔者确信，八景重现之时，"酉阳才是真桃源"的名声将会更响，响得更远。

红色南腰界

　　南腰界，一个红色的地名，红军的鲜血染红过这片土地，红色的种子深深地埋在了这块土地上，生根，开花，结果。

　　酉阳县南腰界乡距县城南105公里，省重点文物保护单位、"红三军司全部旧址"余家桶子是川黔两省五县（四川酉阳、秀山，贵州沿河、印江、松桃）接合部。1934年，贺龙率领的红三军（后恢复为红二军）在这一带建立了革命根据地（即黔东特区），南腰界成为红军的军事指挥中心；1934年10月，萧克、王震、任弼时率领红六军团与红二军会师于此。

　　南腰界乡的每一个村，每一座山，都有一段光荣的革命历史。杨树林年近八旬的老游击队员冉崇锡向我们讲述了当年红军的故事。

　　1934年6月3日，红三军经贵州沿河县沙子场进入西境，次日进驻南腰界，司令部就设在余家桶子。这余家桶子是清末秀才余兰城的住宅，占地450平方米，门朝西南，院内石板平整，厢房吊楼南北相对，正房东西向。红三军司令部会议室就设在正房堂屋，会议室里仅有两张方桌、四把木椅、一盏马灯、一张军事地图。文物纪念馆的工作人员介绍说，这些东西都是当年贺龙用过的。院坝内有两棵花红树，这两棵树是当年贺龙亲手栽植的，现在一年开两次花，结两次果，颇为传奇。

在余家桶子正面有一片叫"猫洞大田"的稻田，大田里立起了一座纪念亭，上书"中国工农红军二、六军团会师大会纪念亭"，系当年参加会师大会的老红军廖汉生亲笔书写。

那是1934年10月27日上午，红二、六军团的七千将士在这里举行胜利会师大会。任弼时在会上宣读了党中央为两军团胜利会师发来的贺电，宣布了红三军恢复红二军团番号等重要决定。贺龙、关向应、萧克、王震都在大会上讲了话。

于今，在南腰界乡，到处都能见到用毛笔书写的《红军十大纲领》，落款署"红三军"的大幅标语、宣传画等珍贵历史文物墨宝。这些当年红军留下的墨宝，能历经白色恐怖的腥风血雨，完整地保存下来，其间浸透了土家、苗、汉各族人民对红军的深厚感情。红军离开后，当地群众为保存下这批标语、宣传画，费尽了心思。他们用黄泥浆覆盖了字迹和图画，以至还乡团进村后毫无察觉。后来雨水冲洗了黄泥，眼看就要显露，他们便在夜间再悄悄地涂刷一遍。从1934年到1949年，整整15个春秋，当地群众就这样精心地保护着红军的墨宝。

在南腰场背后的翘尾巴山上，至今还留有一位红军的脚印。那是1934年8月1日，南腰界区苏维埃政府成立大会在这山上召开，一位很有心的石匠，在开会时把他身旁一位红军战士的脚印勾画下来，散会后沿勾画的印记，就地凿在一块石板上的。

南腰界乡的群众，数十年来，对贺龙、对红军有深厚的感情。在余家桶子左侧，有一座红军烈士墓，这是当地群众自发地集资投劳修建的。他们修建了这座烈士墓，把贺龙亲手种的花红树移栽到墓园。在纪念碑背面的题记中，抒发了对贺龙、对红军的怀念、崇敬之情。

"杀尽土豪劣绅，我们都是工农出身，不要忘记阶级情义……"一群小学生合着冉崇锡老人的声音，唱起了当年的红军歌曲。当地的领导告诉我们，南腰界乡的大人娃儿都会唱很多当年的红军歌曲，逢年过节，还要举办红军歌曲比赛哩！

"红色尽染南腰界，南腰界上缅红军。"如今，这里已成为爱国主义教育的主要基地。每年，从全国各地来这里缅怀学习的人有15万人次之多。南腰界乡那50多个革命文物遗址和那一部活生生的革命历史，正激励着后人沿着红军的足迹，进行新的长征。

一河六土司

被誉为湖北咸丰母亲河的唐崖河，因元代曾于河流上段地区置唐崖军民千户所，故名。其实唐崖河别名很多，上游在黄金洞乡境称黑洞河、太平河、干厢河，在清坪镇境称龙潭河、田寨河、大河，经尖山乡唐崖土司城之后方称唐崖河，入重庆市黔江区改称阿蓬江。

唐崖河是湖北为数不多自东向西流淌的河流，因地处云贵高原东北的延伸部分，地势自东北向西南倾斜，致唐崖河逆向而流，经重庆境至酉阳龚滩注入乌江，继后汇入长江东返湖北，故当地有"岸转涪江，倒流三千八百里"之说。

唐崖河有六条支流，除冷水河发源于利川外，南河、青狮河、野猫河、土溪河、曲江分别发源于咸丰县的小村乡、尖山乡、丁寨乡、活龙坪乡和

坪坝营镇。

巧的是，唐崖河还有"六土司"，所谓"一河六土司、两岸千蛮洞"。据说，唐崖河流域是土司文明发育最成熟和保存最完整的地域，仅咸丰境内就有唐崖土司、金峒土司、龙潭土司的众多遗址、遗迹，这为当今研究唐崖河流域土司制度时期土家族的政治、军事、经济、文化等提供了大量的历史学、民族学实证资料。

位于唐崖河畔、黄金洞旁的金峒土司城址，为建于元末的覃氏土司城遗迹。此城东西长约1.5公里，南北宽约0.5公里，总面积1平方公里。早年司城内有天井，外有城墙，院墙围着三街六合司，即院子一条街、天井一条街、中间屋一条街，六合司建于三条街之中。另有土司覃王别墅一座，建在司城后山，坐北朝南，居高临下，可谓威风八面。今仅存金峒土司城遗迹和用浮雕石板镶嵌的大院坝。1958年曾在此挖掘出一枚明永乐五年（1407年）铜质篆刻的"金峒安抚司印"一枚，另有银质印版盒一块，盒底阴刻"监造金目知印长官覃胜廉冠带大头目覃亮工作林凤朝造"。

龙潭土司城位于清坪镇境内龙潭司村。龙潭安抚司由田氏世袭其职。田氏子孙酷爱汉文化，汉学造诣颇深，大多能文会诗。龙潭土司城形成于明代初年，东西长约400米，南北宽约500米，坐北朝南，分正门、过厅、大殿三进，建有粮仓、练兵场、关庙等。据说，司城内建有120栋木房，栋栋瓦檐相接。可惜司城现存的遗物仅有石狮一对和石柱础一个。

唐崖土司城遗址位于咸丰县的尖山乡唐崖河畔，是明万历至天启年间唐崖土司覃鼎皇城遗址。该址极盛时建有3街18巷36院及大小衙署，面积比北京紫禁城还要大，是鄂湘黔渝地区最典型、保存最完整的一处土司皇城遗址。现遗址占地1500余亩，主要建筑有司城牌楼、土司王墓及田氏夫人碑、桓侯庙的石人石马等。

其中垣侯庙在唐崖河西岸昔日土司城的进口处，庙宇台阶依旧，今人仿古重建，内有两尊石人石马对峙山门，庙后为张飞祭台。石人高2米，石马长3米。顺庙左上行300米，有土司城屏障石牌坊一尊，明天启三年（1623年）皇帝赐修。牌坊高6.8米，宽6.03米，全石仿木结构，横额正面书"荆南雄镇"，背面书"楚蜀屏翰"八字，苍劲有力，全为阴刻，石牌坊两面还刻有"土王夜巡""麒麟奔天""云雾腾龙""哪吒闹海""渔樵耕读"等故事图案。

牌坊平坝山后有土王墓一座，置拜台、墓室，室外拜台宽阔，玉石栏杆装饰。墓室并排四间，四壁石墙，设有棱动石门开启。门外为仿木石结构的一斗三升式重檐建筑，屋面雕饰筒瓦，脊翘龙首，檐下斗拱，廊柱挺立，墓室现为空穴。土王墓后为田氏夫人和无名墓，前立墓碑，后题"皇明崇祯岁庚午季夏吉旦立"，碑后墓堆用砖砌石垒，四周林木葱郁。

而距土王墓后200米远的玄武山上，有两株合围4.7米、高约40余米的古杉，高大挺拔，枝繁叶茂，相传系土王覃鼎和夫人田氏共同栽培而成，人称"夫妻杉"，现已列为国家级保护对象，专供游人生发幽古之情。

鄂西的"大兴安岭"

　　坪坝营生态旅游区位于湖北恩施土家族苗族自治州咸丰县甲马池镇坪坝营村，距咸丰县城50公里，东临湖北来凤，南连重庆酉阳，西接重庆黔江，"一山跨两省，一水连四县"。

　　景区面积154平方公里，森林覆盖率96%，区内12万亩原始森林，8万亩原始次森林，6万亩人工林。加上延伸至酉阳、黔江的原始森林群落部分，为武陵山区最大的原始森林生态群落区，森林覆盖率96%以上，被喻为鄂西的"大兴安岭"。

　　这里地处充满神秘、神奇的北纬30度，这里是野生植物生长繁衍的宝地。林内古树参天，藤蔓缠绕，奇花遍地，有红豆杉、珙桐、鹅掌楸、秤锤树等国家二级以上保护植物和1300多种植物树种，有白龙须、四季参、毛鸡腿、野芹菜、野洋合、鸭脚七等70多种具有保健功能的野菜，有野草莓、野樱桃、野荔枝、野板栗、野生猕猴桃等180余种野果子。坪坝营原始森林也是武陵山区最大的野生动物栖息地，其间生活着包括华南虎、金钱豹、花面狸、穿山甲、锦鸡、香獐、野猪、大灵猫等128种珍禽异兽在内的500种动物。

　　鸡公山原始森林是坪坝营生态旅游区的精华，也是电影《丛林无边》的外景拍摄基地。原始森林的五大特征：硕大的古树，粗壮的藤蔓，厚厚的腐殖质层，倒伏千百年的枯木朽树，四散漫布的苔藓，鸡公山一样不少。但准确地说，这一片大多还是次生林，是20世纪50年代"大跃进"之后恢复的植被。但山中确有

↑ 坪坝营的夏令营

世所罕见的千年老林——700公顷杜鹃林，其面积之广、品种之多，是仅次于云南的中国第二大原始古树杜鹃花群落。其中一棵古杜鹃花，主干直径约80厘米，树龄500～600年，堪称"鹃花之王"。

坪坝营境内群山巍峨，地形复杂，相对高差大，最高峰石灰窑海拔1911米，最低海拔720米，海拔1200～1400米的地貌单元占总面积的2/3。这里属鄂西南山地气候，冬无严寒、夏无酷暑，雨量充沛，温度适中，特别是夏季气温在20摄氏度左右，是一处不可多得的避暑天堂。景区负氧离子含量极为丰富，被专家确认为鄂西南"天然氧吧"，2004年被批准为国家级森林公园。

树的王国、花的海洋、动物的乐园、人居的天堂，其实，坪坝营除了这些，还有罕见的穿洞群落、幽深的峡谷急流，那就是著名的四洞峡风光。

四洞峡的得名，是因一条峡谷弯弯曲曲从几座山头的山体中对穿而过，形成了大小不同、形状各异的四个穿洞。一洞到四洞全长尽管不过3公里，但海拔从1350米陡降至860米，落差高达500米。四洞峡集山、水、洞、溪、泉、瀑及原始的生态于一体，体现出特有的神秘之

美、和谐之美，但诸洞又各具特色，别有洞天。

笔者从坪坝营通坨附近进入峡谷，顺溪流而下约2公里，便是四穿洞的第一洞，洞高20余米，宽10余米，洞壁发育畸形，丑极生美。据考证，这些洞大约在1.4亿年前形成，成因主要是地壳运动和流水冲蚀。第二个洞叫凯旋洞，因为洞口酷似法国的凯旋门，拱圈齐齐整整，好似刀削斧切，大自然的天造地设、鬼斧神工，实在让人惊叹万分。第三洞，被称为"生命之源"，从洞的形状即可意会。第四洞和第三洞基本是挨着的，但感觉迥异，第三洞的洞顶有一大一小两只"窗户"，抬头望去，天光破窗下照，光芒四射。但第四洞却山路崎岖，"暗无天日"，行走其间有如盲人过木桥，得小心翼翼。终于出得洞来，"弃暗投明"，眼前涓流积潭，鱼翔浅底，令人豁然开朗。

"万顷林海一奇观，四大绝洞紧相连，一洞杳深通世外，二洞明镜照宇寰，三洞天窗相思梦，四洞峡谷瑶池潭，一把丘比穿心剑，置身仙境不思还。"荆楚书画名流杨斌庆游览四洞峡奇景后即兴赋诗，以绘其景，以抒其情。

笔者亲临其境，感同身受，可谓英雄所见略同。

金花银花金银花

走进武陵山深处，记者在秀山土家族苗族自治县钟灵乡马路村的山坡上惊奇地发现金银花漫山遍野，生机勃勃。

"你看，就是这株金银花，去年采摘了20公斤花，卖了60块钱。"马路村党支部书记罗时英站在黑崖岭上的金银花园里，指着一株树冠直径达1米的金银花，给记者讲了一个故事。

平均海拔800米的钟灵乡到处是荒山荒坡。这里生长的金银花，是一种清热解毒的好药材。20世纪80年代初，马路村老支书杨胜毅把山上野生的金银花挖到自家的承包地里栽种，开创了变野生为家种的先例。之后，他又将采摘的金银花卖给收购商。

在老杨的带动下，湾头村民组的村民大多种起了金银花。如今，黑崖岭上那100多亩金银花园就是当年栽种的。

然而，钟灵的金银花却是"墙内开花墙外香"。20世纪80年代中期，湖南隆回县的药材商到钟灵收购药材，见到金银花园后，就带了一批金银花苗回到隆回县的小沙江镇，让当地的农民栽种。小沙江镇的农民运用钟灵的种植技术栽种金银花成功，并获得了好的收益。第二年，隆回县政府便采取鼓励措施，发展起了金银花产业。这一年，仅小沙江镇的农民就种植了2.4万亩金银花，年收入上千万元。

"钟灵的金银花先在隆回县香了起来，我们作为栽种金银花的'师傅'，真有点汗颜。"钟灵乡人大主席团主席陈德宇说，"好在'师傅'放得下面子，决定向'徒弟'拜师学艺。"

2002年初，钟灵乡决定把金银花作为一项农业产业化项目来发展，打造钟灵金银花品牌。

当年5月，由乡党政主要领导、各村的干部和村民代表组成的一个"拜师团"专程到隆回县小沙江镇，向早些年的"徒弟"拜师学艺。

"师傅"虚心地向"徒弟"学习了如何引导农民种植，如何搞好金银花的加工，如何打开销售市场等诀窍。回到钟灵后，他们认认真真地干了起来。

陈德宇与人合作，承包荒山120多亩，建起金银花园；罗时英带头承包荒山110多亩，种起了金银花……乡村干部带头承包荒山种植金银花，起到了很好的示范作用，该乡很快掀起了种植金银花的热潮。至目前，全乡5200多户农户中，有90%的农户种植了金银花，种植面积达到2.5万亩，其规模已与小沙江镇不相上下。

"再过一个月，钟灵的漫山遍野都会有金银花香！"陈德宇喜滋滋地说。

马路村的陈文新于20年前就开始种金银花，面积有12亩。陈文新说："靠种植金银花，我家7口人的日子过得红红火火。"

金银花已逐步成为钟灵农民家庭经济收入的主要来源之一。进入盛产期的金银花，每亩每年至少有1500元的收入，钟灵农民靠金银花这一项产业，平均每户每年就有几千元的收入。

秀山花灯

　　"黄杨扁担软溜溜，挑担白米下酉州……"这首唱遍全国的四川民歌，那优美动听的曲调，就是秀山花灯曲调。

　　秀山花灯是喜庆吉祥的象征，是一种载歌载舞的民间艺术。秀山的土家、苗、汉各族百姓不仅喜欢欣赏花灯调、花灯剧，而且大都能自娱自乐来上几段。

　　每年的春节，从正月初三到十五，秀山县数百个花灯队，入夜便打着灯笼火把，敲锣打鼓，走村串寨，拜年贺福，"黄杨扁担"的花灯调子，唱热了村村寨寨。

　　秀山花灯本是宋元时代流行于民间的祭祀诸神活动的"跳团团"。它是在吸收当地土家族、苗族民间歌舞，以及阳戏、傩戏、灯儿戏等民间艺术营养的基础上逐渐发展起来，并以秀山为中心，广泛流行于川黔湘鄂边区的民间花灯歌舞艺术。秀山花灯以其独特的艺术风格，在全省乃至全国享有崇高的声誉。秀山花灯歌舞剧团被作为省重点保留和扶持的艺术团体，秀山花灯被国家文化部列为稀有剧种。

　　秀山花灯朴实清新，独具一格。其主要表演动作有200多个，灵活多变，优美抒情，风趣诙谐，形象感人。花灯音乐现已整理出200多个曲调，它分正调、杂调，演唱时讲究字正腔圆。

秀山花灯可以说是随着《黄杨扁担》这首土家族民歌走向全国的。1957年2月，四川省歌舞团、重庆市歌舞团和成都军区战旗文工团等文艺团体的文艺工作者到秀山采风，专门采访了玉屏乡花灯老艺人严思和，将老人所唱的花灯曲调《黄杨扁担》的词曲记录下来，后又灌制成唱片。从此，秀山花灯《黄杨扁担》走红神州，名扬海外。

1958年，为发展民间花灯歌舞艺术，秀山县创建了"秀山花灯歌舞剧团"。30多年来，花灯剧团在不断搜集、整理民间花灯，致力挖掘和弘扬传统歌舞艺术。到目前为止，剧团共整理、编印了秀山花灯以及土家族、苗族民间歌舞、辰河等民间艺术集成十余部，出版发行有艺术史料价值的专著5部，创作演出大型花灯剧3出，小型花灯戏12台，舞蹈节目30余个，声乐、器乐节目80余个。

这些节目和剧目除了长期在川、黔、湘、鄂、渝巡回演出外，有的剧目还多次进京献演及参加中国艺术节的演出，不少剧目在全省、全国获奖，并在中央电视台等平台播放。

秀山人十分喜爱花灯艺术。前不久，秀山花灯歌舞团的一支演出队到有几分传奇色彩的笔架山下巡回演出。住在海拔1400米高的山顶上的村民们听说花灯剧团进山，便由一位年逾七旬的老人带着几位村民跑下山来，硬要接团上山演出。在演出中，观众不时被那优美的花灯调感染，情不自禁地跳上舞台，与演员们一起演唱。那火爆场面，令剧团演员们感动不已。

"黄杨扁担"挑起了秀山花灯，秀山花灯不愧为民间艺术的瑰宝！

洪渡河，仡佬之源

在贵州务川，随处可见"热烈祝贺电影《远山仡佬》在务川顺利开机"的红色贺词。原来，此时正逢该县全力打造"仡佬文化"旅游品牌之际，这部电影就是重要的宣传载体。而作为仡佬族文化发源地的洪渡河景区，此时也在力争国家4A级旅游景区的评定，自然成了我们此行的目的地之一。

驱车至洪渡河景区大门，洪渡河漂流指示牌异常显眼。早前就曾听闻"漂洪渡峡谷、弄雪花飞舟、品三峡风骨、读漓江水韵"的激情和风雅，此时定要亲临其境体验一番。在工作人员的帮助下，我们同行二人上了一艘皮艇，相对而坐。一路上挥桨破浪，在急流的助推下，颠簸行进，两岸或天开一线，或回峰阔

岸，清涟的河水飞溅起舞，全程约9公里，共计22个险滩的漂流之旅，有惊无险，乐趣横生。路遇漂流发烧友，不少是来自重庆、湖南等外地省市，洪渡河漂流已声名远播。

说来也巧，当天正逢仡佬先祖濮王的生日，洪渡河岸边的先祖诞生地——九天母石景区正在举行先祖祭祀仪式，我们有幸一睹。只见在幽美、俊秀、险奇的母石石峰之下，盛装打扮的仡佬族人聚集在祭祀台下，虔诚鞠躬，隆重肃穆。

相传，仡佬族的始祖是九天天主，九天母石是天主之母。九天天主的儿子潜祖下界被称为濮王（又称蛮王），在此繁衍生息，"蛮王仡佬，开山劈草"成为仡佬人的祖先。后人把仡佬族的先祖濮人称为"天之子""人中精灵"。代代相传，九天母石也就成为仡佬族祭天朝祖的圣地，成为仡佬族的源头。每逢濮王生日，逢年过节或其他喜事，祭祀活动热闹非凡、庄重古朴。后人为祭祀先祖，在九天母石的对面，被称为"天主坳"的地方，建起了祭祀台，祭天拜祖。仡佬族人认为，这里是他们的源头，因而祭祀活动代代相传，沿袭至今。

据景区工作人员介绍，在洪渡河景区，仡佬民族文化将得到全面展现：仡佬族空中绝活"高台舞狮""杀铧"和传统体育活动"打篾鸡蛋"等都将作为人文旅游点。

看来，务川打造"中国的务川　世界的仡佬"文化旅游品牌正逢其时。

乌江渡，乌江鱼

"江作青罗带，山如碧玉簪"，既到乌江镇，怎么能不领略一番乌江山水画廊的绰约风姿。

穿过乌江镇5公里崎岖不平的公路，我们抵达了著名的乌江渡景区，将雄伟的乌江水电站大坝尽收眼底。

广阔的库区形成烟波浩渺的人工湖，船入其中，200多公里的天然山峡长廊顺势而退，观景最好不过。

我们坐上快艇，穿过看起来只有一扇大门宽的峡谷，一片神奇美妙的天地如奇幻电影般上演。云雾缭绕的山峰、千仞耸立的峭壁、攀壁附岩的虬结藤蔓……鬼斧神工、气象万千，让人的心境也豁达开阔起来。所谓高峡出平湖，姊妹峰、赤碧峡、鹰嘴峡青山叠翠、峰态奇趣，移步换景，处处皆画，人在画中，美不胜收。七峡、九岩、十二险滩、八十景点……乌江山峡的动人风光不一而足，而流传的美妙传说更令前者让人神往。难怪有人说"除却扬子三峡美，更有乌峡多奇观"，比起前两者的成熟开发，乌江峡谷更原生贴近自然，正如一位养在深闺的大家闺秀，让人惊艳。

正是这片灵山秀水，养出了肉质鲜美的乌江鱼，也成就了闻名遐迩的乌江豆腐鱼。在欣赏美景之余，我们就近上了一条餐饮船，品尝了这道名菜，果然不负"中国一绝，黔北一技"的美名。简单的鱼和豆腐，在乌江镇人的烹调下，变得鲜香四溢、麻辣可口。鱼见本色，撩人食欲，豆腐白白嫩嫩，入口鲜滑，再加上搭配得当的老南瓜、泡菜等配菜，我们的味蕾瞬间被挑动，一拿起筷子就停不下来。

　　美食，美景，简直让人欲罢不能。

"溶洞之王"

　　贵州四大件：仁怀一瓶酒（茅台酒）、镇宁一棵树（黄果树）、雷山一个寨（千户苗寨）、织金一个洞（打鸡洞）。其实这个洞就是织金洞，打鸡洞是老名，乾宏洞是别名。

　　织金洞，位于贵州省织金县城东北23公里的官寨乡。它是中国目前发现的一座规模超大、造型奇特的洞穴资源宝库，曾被《中国国家地理》评为"中国最美的六大旅游洞穴"之首。1980年4月，织金县人民政府组织的旅游资源勘察队发现此洞，1994年作为亚洲唯一代表加入国际洞穴旅游协会，2004年被国土资源部授牌为国家地质公园，2009年织金洞风景名胜区成功升级为国家4A级风景名胜区。

　　活泼可爱的导游小姐动情地讲述："织金洞是大自然赋予人类的杰作精品，它最显著的特点可以用'高大全'三个字来概括。"

　　"高"：指织金洞的空间高。织金洞属于高位旱溶洞，分上、中、下三层，洞腔最宽跨度175米，相对高差150米，一般高度均在60～100米。其中最高堆积物有70米，比世界之最的古巴马丁山溶洞最高的石笋还要高7米多。

　　"大"：景观规模宏大，气势恢宏，全洞容积达500万立方米，已勘查洞长12公里，目前开发6公里多，洞内开发总面积70万平方米。我们顺着洞内线路观赏，分别为迎宾厅、讲经堂、雪香宫、寿星宫、广寒宫、灵霄殿、十万大山。导游说，后边的金塔宫、金鼠宫、望山湖、水乡泽国等景点都很美，全景区共有40多个厅堂、100多个景点，慢慢玩吧。

我们来到最大的景观组合——金塔宫内的塔林世界，果然是大气磅礴。在1.6万平方米的洞厅内，耸立着100多重金塔银塔，石柱、石笋、石花遍布，与塔群相互呼应、映衬，身临其间宛如进入神话般的奇幻世界，令人流连忘返。

"全"：指洞内景观形态丰富，类型齐全。洞内岩溶堆积物达40多种，石幔、石鼓、石藤、石莲花、石珍珠、玉葡萄、鸡血石、松子石、蛇皮石、晶牙、石龟、云蝶等琳琅满目，囊括了世界溶洞的各种形态类别，是目前世界上已发现的，保留了最原始面貌、最完备景观的一个巨型溶洞，号称"全国第一的地下艺术宝库""举世无双的岩溶博物馆"。

其实，游览其间，除了"高大全"的感受外，游客多半还会悟出一个"奇"字：景观及空间造型奇特，审美价值极高。织金洞之所以被人们称为"溶洞之王"，在于它在世界溶洞中具有多项世界之最。神奇的银雨树、精巧的卷曲石、逼真的霸王盔、巨幅的百尺垂帘为镇洞之宝，均属举世罕见。

进入"三星聚会"的万寿宫，只见南极仙翁、太白金星、张果老都是帽状滴石形成的高约20米的钟乳塑像。洞内还有一种珍宝——月奶石，眼观如石，用手指一捻即成水渣，晒干后又成坚硬物体。导游告诉我们，目前国内发现这玩意儿的只有两处：一处是北京郊区的石佛洞，另一处便是织金洞。地质学家称，此石是生物变化形成的，世界罕见，堪称洞穴沉积物的珍品。

织金洞景区地处贵州西部高原山区，系乌江上游六冲河、三岔河交汇环抱之间，属典型的喀斯特地貌，其碳酸岩成分高达90％以上。在织金洞地表周围约5平方公里范围内，景区内溶洞、溶沟、溶槽、罗圈盆、天生桥、天窗谷、伏流及峡谷等地质遗迹保存完好，其"水上水、洞上洞、桥上桥、天外天"的景观被国际著名的地貌学家威廉姆称为"世界第一流的喀斯特景观"，具有很高的观赏价值、科研价值和旅游价值。目前，织金洞风景管理部门正在进行一线三槽峡谷景区规划，景区面积将扩大30多平方公里。

织金洞自开发开放以来，专家学者赴会、诗人墨客雅集，中国人民大学文学系教授冯其庸题书"第一洞天"，作家冯牧题词："黄山归来不看岳，织金洞外无洞天，琅嬛胜地瑶池境，始信天宫在人间。"党和国家领导人胡锦涛、吴邦国、乔石、李岚清等视察工作后对织金洞开发保护予以高度评价。原国务院副总理钱其琛题词："游过织金洞，方知溶洞奇，地下看世界，洞中别有天"；原国务院副总理谷牧题词："此景闻说天上有，人间哪得几回游"。

织金洞，不愧为"天下第一洞"！

百里杜鹃

百里杜鹃景区距黔西县城30公里，距大方县城40多公里，距毕节城区80公里，被誉为"地球彩带、世界花园、健康福地、避暑天堂"，算得上是毕节最有名的风景名胜区了。

百里杜鹃景区分为大方、黔西两个片区，普安、金坡、百纳、大水、嘎木、仁和、红林7个景区，有40多个景点。风景名胜区内有迄今为止发现的世界上最大的原始杜鹃林带，呈环状分布，延绵50余公里，宽1～5公里，总面积120多平方公里，是一座规模宏大的天然花园，故名"百里杜鹃"。

百里杜鹃是贵州西部原生地带植被中保存最好的一部分，林地面积7388公顷，有杜鹃密林3000多公顷、杜鹃疏林和散生林约4000公顷。林业部门初步查明，有马缨杜鹃、大白花杜鹃、水红杜鹃、露珠杜鹃等41种，占据世界杜鹃花5个亚属中的全部类型，素有"杜鹃王国""世界天然大花园"之美誉。

每年3至5月花期，百里杜鹃竞相开放，红、黄、粉、紫，如火如荼，若云若霞，好一派"花花世界"。1987年3月，贵州省人民政府将百里杜鹃列为省级风景名胜区。1993年5月，国家林业部批准建立百里杜鹃国家级森林公园。从1993年起，百里杜鹃风景名胜区分属的大方县和黔西县各自在管辖的景区内举办一年一度的杜鹃花节，开幕时间从3月16日到4月16日不等。2007年7月，为保护和管理百里杜鹃独特的森林生态及杜鹃花资源，展示"多彩贵州"的自然风貌，贵州省委、省政府成立百里杜鹃风景名胜区，将原大方县和黔西县管辖的杜鹃花资源统一划归百里杜鹃风景名胜区行使管理权。2008年3月28日，百里杜鹃风景名胜区举办了成立以来的首届国际杜鹃花节，并决定每年3月28日举办国际杜鹃花节，土生土长的杜鹃花从此有了国际范儿。

我们首选金坡游，该景区包含百花坪、锦鸡箐、画眉岭、览胜峰、马缨林、金坡岭、龙场九驿等观景点。

听说，锦鸡箐和画眉岭的杜鹃，树大林密，繁花似锦。粉红色的迷人杜鹃和鹅黄色的露珠杜鹃、大白杜鹃及深红色的马缨杜鹃交织丛生，引来国家二级保护动物锦鸡在这里安家繁衍。画眉岭少不了画眉鸟的元素。相传，这里有一只金黄色的鸣叫最好、叫得最欢的金画眉，当它鸣叫的时候，林中百鸟都不敢打鸣。不凑巧，我们来此一游时已是夏末，又遇上阴雨天，鲜花没赏到，锦鸡没抓到，画眉的歌声也没听到。

马缨杜鹃又叫"马缨花"。马缨，顾名思义就是马头上戴的大红缨。马缨杜鹃花冠浓密，花团锦簇，一树多枝，一枝多花，有的马樱杜鹃一株开花两三百朵，当然也有同树不同花的，即一株杜鹃树上开出若干不同品种五颜六色的花朵。

马缨林是贵州省毕节百里杜鹃风景名胜区内马缨杜鹃最集中的地方。马缨杜鹃又叫"索玛花"，相传是索玛姑娘的鲜血变成的圣花，近观如团团烈火在枝头燃烧，远看像片片彩霞映红起伏的山峦。其实，无花的马缨林也很有情趣，树身高大，枝繁叶茂，穿越林间，寻寻觅觅，如探夜郎古道，如循绿野仙踪。

终于登上了金坡岭，没有其他人。"金坡岭的杜鹃花特别漂亮，有的山一片鲜红，艳若朝霞，姹紫嫣红；有的山一片雪白，银装素裹，绚丽夺目；有的山百花齐放，繁花似锦。每当晚霞映照时，火红一片，故称为金坡岭。"那是书上说的。站在亭下，凭栏远眺，雨雾蒙蒙的，心中茫然，有点扫兴。

忽然间，一阵山风吹来，烟雾搅动，老天开眼了，一道霞光从浓云间隙中喷薄而出，像剧场的聚光灯直射舞台中央，云浪烁金，层林尽染，脑海中陡地呈现出儿时看过的电影《闪闪的红星》中"岭上开遍哟映山红"的动人场景。

幸福来得太突然，此时无花胜有花，此时无声胜有声。金坡一游，难忘。

注：本部分为"千里走乌江"大型采访过程中风土人情的随笔，散见于报刊网络，有些作品为首次发表。

第三部分

贵州山纪行

贵阳城里的乡下人

贵州，在外地人看来，是"天无三日晴，地无三尺平，人无三分银"的穷山僻野。但越来越多的人正改变着这种观念，认为那里山清水秀，气候宜人，物产丰富，是一块金不换的"风水宝地"。那么，贵州的现实面目究竟怎样？带着这一问号，我随《中华全国农民报》系统组织的赴黔采访团，开始了为期半月的贵州之行。

贵阳的早晨并不宁静。天刚亮，成群结队的农民便赶车的赶车，挑担的挑担，从四面八方涌进城里。不一会儿，所有的大街小巷都热闹起来，到处响着生意人的吆喝声。

"老师，需要搬行李吗？"我刚出车站，一位农民打扮的中年男子，手拿扁担，站在我面前。我赶忙说："不必了，谢谢！"

"同志，旅途辛苦了，揩揩汗吧。"这是姑娘的声音，十分热情。我一看，在她身边端端正正地放着五六个新面盆，盆里盛着热气腾腾的洗脸水。我接过毛巾和香皂，三下五除二，洗了个痛快。当我站起身正准备付款时，这才发现，其余的面盆已被顾客"抢"了个精光。姑娘告诉我，她家就住在城郊，每天早晨她都来这里卖热水，每盆收费一毛钱。

这时，几位农民挑着新鲜蔬菜，说说笑笑地拐进侧边的小街。出于好奇，我紧步跟了上去。一打听，才知前面就是飞机坝贸易市场。我顺着街道向前张望，只见高低错落的货摊像长龙似的延伸着；货摊上堆满了各式各样的农副产品。最忙的要数守摊的卖主，他们时而像演戏一样地比划着手势，时而又高声地和顾客讨价还价。据市场管理人员介绍，这个贸易市场十分活跃，每天都有成千上万的农民来这里做买卖，成交额可达数万元。他说，像这样的集市，全市有好几十处。

　　我急于知道形成这种局面的原因。旁边一位卖鸡蛋的农民抢着说："这可得归功于市里的'开放政策'啦！"近年来，贵阳市有关部门坚持"对外开放，对内搞活"的方针，敞开城门，欢迎农民进城务工经商。为此还成立了专门的劳动服务介绍所，帮助农民"牵线搭桥"，寻找就业门路。另一方面，农村改革的结果使农民有了较多的自主权。他们利用农闲，把剩余的农副产品拿来出售，有的干脆住在城里，经营饮食服务业。在贵阳城里，光是从事第三产业的农民就达十多万人。

　　开放，不仅使附近农民涌进城市，而且吸引着大批远道而来的外地商旅。在贵阳，只要你稍加留意，就不难发现操着四川、湖南口音的生意人。他们或摆摊设点，或搞短途贩运，或回收废旧物资，以服务周到、要价合理、讲求信誉赢得了当地居民的称赞。在城北贵乌路，我访问了两位来自重庆的家乡人：年龄稍大的叫魏译洪，另一位叫肖远贵。他们都是璧山县丁家区黑龙山良种

繁育场职工，每年除节假日外，几乎都在这里搞推销。我问他们每月能挣多少工资，他们笑而不答；但他们承认，一年至少能推销四千斤蔬菜种子。

1986 年 9 月 4 日，《重庆日报》农村版

石板房村印象

汽车从安顺县城东行，过了大西桥，在一座小集镇边停了下来。路旁的标志牌上写着：石板房村。

这是一个"混合村"，居民与农民杂居，在156户人家中，农户占74户，农业人口约300人。但使我感兴趣的，是这儿不少被称为"三分三"（即做小买卖）的生意人。

在以阶级斗争为纲的年代里，这些"三分三"被割了资本主义的"尾巴"，只能在分地上"转圈圈"，一个劳动日的收入只能折合一张平信邮票钱。

可如今，石板房村的商品经济是如此的活跃。村里的人们充分发挥交通方便、信息灵通、土人才多的优势，因地制宜调整产业结构，大力发展第二、第三产业，走种植、养殖、加入相结合，商、建、运、服共发展的路子。全村

已有250多个剩余劳动力转向食品加工、缝纫、交通运输、建筑建材等业务，占劳动力总数的70%以上。产业结构的调整加快了农民的富裕步伐。去年，全村年收入超万元的就有9户，6000元以上的达40户，其余百余户的收入也均在2000元以上。

石板村富了。"昔日家家拆房卖，今日修房建阳台。"我们来到村里，只见一幢幢新楼房沿街而筑，十分整洁漂亮；更令人惊讶的是，几乎每家每户的房顶上都立着根电视天线。村里的同志介绍说，近些年，石板房村里出现了"建房热"和"家用电器热"。全村仅新建水泥结构住房就达150多间；许多家庭不仅拥有了电视机、收录机、洗衣机，而且还买了汽车、摩托车、拖拉机……富裕了的农村人，也要和城里人比比高低，他们说，城里人有的我们也要有。

我乘兴走访了徐开信的家。这是一幢一楼一层的"小别墅"；宽敞的房间里，整齐地放着电视机、录音机以及新崭崭的各式家具；堂屋的正墙上，贴着古香古色的国画；精致的门帘，柔软的窗纱，给人以优雅、舒适的感觉。女主人戴着耳环，看上去十分精明能干，爱说爱笑。她告诉我们，她家四口人，两个劳动力，半工半农。可前些年，她丈夫没有工作，自己和孩子又是"有户无地"的"黑人"，连房子都是借别人的。"现在好了，我和丈夫自办了一个家庭面粉厂，一月就可挣三五百元呢。"说着，她又笑了。

1986年9月8日，《重庆日报》农村版

春风又绿黔东南

退耕还林保护生态 ↓

起伏的青山，茂密的森林，透着果香的柑橘园；在稻田、菜畦铺成的绿绒毯上，不时耸出几堆翠竹林……绿，无穷无尽的绿，向我们涌来，又疾速向身后流去；颠颠簸簸的汽车，仿佛是一叶小舟，在万顷碧波里飘荡……

7月24日，我随采访团前往黔东南苗族侗族自治州采访。一路上，和风拂面，树迎花送，令人赏心悦目。陪同采访的同志告诉我们，黔东南素称"杉木之乡"，是全国重点林区之一。去年，这个州仅木材销售这一项收入就一亿多元，居全省之首。

然而，35年前，生活在这里的人们，却只能望"山"兴叹，含泪悲歌："岩洞树脚度黑夜，野菜苦果充饥肠，灰水代盐盖秧被，围着火塘当棉袄。"1949年以后，在人民政府的大力扶持下，黔东南枯木逢春，林业生产欣欣向荣。可不久，"文化大革

命"开始了。在"以粮为纲，全面砍光"的口号声中，成片的森林果园被作为资本主义"势力"而惨遭洗劫，生态平衡受到严重破坏。

十一届三中全会后，党的富民政策的春风吹进了苗乡侗寨。自治州人民放下包袱，千方百计寻找致富门路。很快，一股兴林致富的热潮涌向全州各地。广大林农、果农根据山区的特点，总结出了"山上松带（戴）帽，山中杉围腰，山坡下搞混交"的造林经验，广泛引种各种珍稀树种和经济林木。1976年到1986年，全州共造价1100万亩，超过了前20年的总和。昔日荒山秃岭，如今万木竞秀，百花争艳，一派生气。

离自治州首府凯里市不远的朗利村，原来有好几百亩荒山。近些年来，村里有计划地进行了退耕还林。村主任李正忠还联合18户农民承包了林场，在800多亩山地上植树种草。他兴奋地告诉记者："再过5年，我们搞承包的都要成为'双万元'啰！"

1986年9月11日，《重庆日报》农村版

风景这边独好

明代思想家王阳明曾在《黔襄》中写道："天下山水之秀聚于黔中。"的确，在贵州，几乎随处可见好山好水好风光。黔灵山优雅，梵净山雄奇，花溪河自然纯洁，舞阳河妩媚动人，红枫湖则烟波浩渺，一望无边。至于举世闻名的黄果树瀑布，那更是气势磅礴，蔚为壮观。这些风景名胜，宛如一颗颗熠熠闪光的珍珠宝石，吸引着一批又一批的中外游客前来旅游观光。

溶洞，是贵州省得天独厚的旅游资源。贵州是我国岩溶最为发育的地区之一，岩溶面积占全省总面积的70%，相当于全世界亚热带岩溶总面积的1/4。在这里，地下洞穴交错，暗河相通，构成了造型奇特、类型齐全、形态完美的洞穴体系。这些

风雨廊桥
↓

↑ 苗家阁楼

溶洞，布局雄奇，错落有致；或精雕细刻，古朴典雅；或曲径通幽，神秘莫测，具有极高的旅游价值和经济价值。近年来，贵州省组织有关专家、学者对600多个溶洞进行了考察，发现了一批以龙宫、织金洞、犀牛洞、飞云洞、者斗洞等为代表的地下风景区。位于安顺县境内的龙宫，是一个串珠式的暗湖溶洞群，五进五出，瑰丽无比，面积达60多平方公里。1984年正式开放以来，该风景区已接待游客100多万人次，其中包括港澳台同胞和来自27个国家的游客。

此外，贵州省气候温和湿润，四季分明，冬无严寒，夏无酷暑，是难得的天然避暑胜地。富有地方特色的风俗民情、文物古迹，以及别具一格的烹调术，也为贵州旅游增添了风采。

省里的领导同志告诉我们，为了尽快开发旅游资源，贵州省已将旅游业纳入了整个社会发展战略之中。省里还先后调拨数百万元款项，用于修复文物古迹，兴建宾馆、饭馆、商店等服务设施，并办起了贵州旅游实业学校，培养烹饪、导游和旅游经济管理等方面的专业人才。

当然，在参观中我们也遇到一些"小"煞风景的场面：红枫湖沿岸的山头多是和尚脑袋——光的；黄果树大瀑布右上侧的教学楼似乎也显得多余。因此，要搞好贵州旅游，仍还有不少工作要做。

1986年9月15日，《重庆日报》农村版

农民兄弟的兄弟

　　一对年轻夫妇喜形于色地从一幢五层高的百货大楼里走出来，手里拿着刚刚买到的小铁锅和一双乳白色的旅美牌拖鞋。"嘿，真没想到，遵义难碰见的东西，在这儿却买到了。"

　　这个小镜头并非摄自某大城市的大商店，而是在仅有189名职工的遵义县南白区供销社。不过，可千万别小看这个供销社，正是它，每年给全区农民提供上千万元的生产、生活必需品；正是它，每年为国家上缴100多万元税金。

　　"建社30多年来，我们坚持为农民办社、为农民服务，从11根扁担、几把木秤起家，发展到现在已拥有170万元固定资产、100多个门市，"供销社的领导同志无不兴奋地说，"还先后被工商部、省人民政府和省经委授予了先进单位的称号呢！"

　　我们走进营业大楼一看，果然名不虚传：宽敞的大厅里，人头攒动，熙熙攘攘；明亮的橱窗里，各种商品琳琅满目，应有尽有；围在柜台边的顾客，有的在问价钱，有的在看货样，有的在啧啧称赞；营业员显然很忙，但随喊随到，热情而有礼貌。我不知不觉地来到小商品专柜旁边。嗬！这里的小玩意儿才多呢，什么针筒麻袋，纽扣拉链，全都有。营业员告诉我，这个专柜共有4000多个品种，占全社商品种类的70%，营业额每年可达四五万元。供销社为满足农民的需要，和全国187家工厂建立了横向联系，既进几百元的高档商品，也进几分几厘的"小不点"。为了解决当地农民吃酱醋难、买铁锅难的问题，他们还投资兴办了铁锅厂、酱醋厂，每年生产上万口铁锅、几十万斤酱醋供应农民。

同时，他们跳出传统供销的圈子，从生产领域走向流通领域，由单纯经营转变为综合服务，大力扶持农民发展商品经济。几年来，仅无偿支援农民发展茶叶、棕片、烤烟、青麻生产的种子种苗，金额就达十万元之多。在农副产品的收购上，他们也总是既方便农民，又让利于农民。前年，市场上辣椒过剩，价格突降，怎么办？供销社坚持按合同规定价收购，保护了菜农的积极性。可是，他们却因此亏损了6万多元。

"你们像兄弟一样帮助农民，那么，农民也这样支持你们吗？"我向身边的那位老同志提了个问题。他笑了笑，用手指着材料上面的一个数据：迄今为止，全区已有14500多户农民向供销社入股，股金有50多万元。

我想，这也许是最好的答复。

1986 年 9 月 18 日，《重庆日报》农村版

醉访酒乡

遵义，这个具有光荣历史的革命圣地，而今又以"名酒之乡"饮誉四海；全国酒类五大香型，她有三种；全国八大名酒，茅台独居霸位，董酒又享一席；至于贵州的地方名酒嘛，这里有的是，什么习水大曲、鸭溪窖酒、怀酒等。

我们慕名前往"酒乡之都"的仁怀县。这个拥有50万人口的农业县，从事酒业生产的农民就一两万人。据一份材料介绍：在全地区的370家酒厂中，该县占140家；全地区1/4的酒由该县推出，不过这里最引人注目的还是"酒都"桂冠上那颗闪亮的明珠——茅台镇。

位于赤水河谷底的茅台镇，古称茅台村，历史上就以酿酒闻名。据1854年出版的《黔语》记载："茅台村隶仁怀县，滨河土人善酿，名茅台春，极清冽。"这里所说的"茅台春"，就是后来被誉为"酒冠黔人国"的茅台酒。我们来到茅台镇，顿觉一股馥郁的酒香扑鼻而来，沁人心脾。向前望去，但见厂房林立，烟雾缭绕。茅台酒厂的邹厂长告诉我们，茅台镇汇聚了酱香酒的精华，共有30多个厂家，其中茅台酒厂最大，拥有三个车间，1300多名职工，年产酒量1200吨。他说：茅台酒素称"酒中之王"，其香味幽雅细腻，柔绵悠长，畅销世界各地。我们问："这里酒业为何如此繁荣？"当地人风趣地说："这可得感谢'老天爷'和'土地神'了。"原来，这里气候温和湿润，水质优良，土壤渗透性强，适宜酿造类微生物的繁衍生长。此外，也与本地的酿酒传统和独特的工艺有关。

"其实，还多亏了党的政策好，要是在前些年，谁敢去争着办酒厂呢。"一位老酒师深有感触地说。此话不假，就拿茅台酒厂来说吧，"大跃进"前还年产800多吨，可后来年产量一下子跌到300来吨。偌大个酒厂，还年年亏损。党的十一届三中全会后，国家鼓励各地因地制宜，大力发展酒业生产。1984年，仁怀县还提出"国家、集体、个人一起上"的政策，不到两年时间，全县仅乡镇企业兴办的酒厂就从原来的两家猛增到100余家。

"但我们不能自我陶醉，"仁怀县的领导同志说，"由于上得太快，我们许多酒厂效益差，竞争力弱；另外，牌子太杂，难以形成拳头产品，这些都有待于今后努力。"

1986 年 9 月 22 日，《重庆日报》农村版

走出 "夜郎国"

　　"走出'夜郎国'！"胡锦涛同志在担任贵州省委书记时所说的这句话，时下已成为3000万贵州人民振兴家乡的口号。

　　贵州无疑是富饶的。然而，由于历史和地理的原因，贵州至今仍未摆脱贫困的纠缠；矿产资源开发缓慢，煤矿、磷矿资源仅利用了4%；全省人均产粮少，收入水平低……

　　富饶——贫困，面对这一矛盾的现实，贵州省的领导同志们很快意识到了症结的所在：闭关自守，资金短缺，技术落后，人才匮乏。于是，他们大胆开出了医治顽症的良方：敞开大门，对外开放，大力发展横向经济联合。1984年4月，四川、贵州、云南、广西、重庆四省区五方经济协调会第一次会议在贵阳召

开，贵州省抓住有利时机，和兄弟省市商定协作项目和意向性项目130多项。此后，贵州省见缝插针，四面出击，千方百计加强对外联系。他们本着"务实、求实、讲求实效"的精神和"扬长避短、互惠互利、共谋振兴"的原则，广泛引进国内外资金、技术和人才。为保证引进工作的顺利进行，省政府专门作出《贵州省提供优惠条件引进外资、先进技术、人才的决定》，并成立了对外经济协作办公室。省长王朝文还"登"上《人民日报》的"信息发布台"发表演说，欢迎国内外经济贸易界人士到贵州来，以各种形式发展经济技术合作。据统计，仅去年一年，贵州省就同全国26个省、市、区签订各种经济技术协作项目650多项，此外还与十多个国家和地区签订了70多个合作项目。传统的闭关自守观念和格局已被打破，一个多层次、多渠道、多形式的横向经济联合网络正在形成。

与此同时，贵州省加强了一向十分薄弱的对外贸易，大批矿产品和土特产品源源不断地运往全国各地。一时间，花溪、黄果树牌香烟风靡成都街头；安酒在京津地区成了抢手货；榕江西瓜占领了重庆市场；百余种矿产品远销日本、美国等30多个国家和地区……贵州省的领导同志告诉记者，贵州货备受青睐，连他们也始料未及。

大门敞开了，一扇扇小门也渐次打开。世世代代与山为伍的各族人民，也开始"冲出贵州，走向全国"。去年，松桃县有15000多名农民到四川、湖北等地务工经商。我们在黔东南采访，还耳闻了一则十分有趣的新闻：一位过去连县城都未进过的苗族姑娘——花姐，最近却和未婚夫一起到大上海去开了眼界呢。

1986 年 9 月 29 日，《重庆日报》农村版

第四部分 ▶

酉秀黔彭走一遭

开篇的话

"养儿育女不用教，酉秀黔彭走一遭"，在乌江流域广为流传的俚语，说明了武陵山地区山穷水险，环境恶劣，交通落后。1996年11月，时值三峡周边旅游热，记者突发奇想：出重庆顺长江到涪陵溯乌江上行，领略川东南这块神秘而又神奇的土地。

小小菜头富万家

从重庆出发来到涪陵，长江乌江的交汇口过江的渡船上，一股扑鼻的榨菜清香勾起了强烈的食欲，抬头一望，见两辆大卡车装着满满实实的榨菜头。

"这是从农户家里收起来，运到榨菜厂去进行精加工的。"司机说。

"哟，涪陵榨菜！"这引起了我们的浓厚兴趣。世界三大名腌菜之一的涪陵榨菜，虽然已被文人写滥，但我们还是想从新闻的角度挖掘新的材料。

"中国榨菜在四川，四川榨菜在涪陵，涪陵榨菜在枳城。"涪陵市枳城区的牟副区长说，"枳城区榨菜的种植面积占涪陵市的一半，加工能力占70%还强。"

100多年来，涪陵榨菜几起几落。在商品和市场经济的浪潮中，榨菜作为一种产业，终于又在枳城区"雄"了起来。

1993年，涪陵的菜农出现卖菜难，每公斤鲜菜头卖七八分钱还没人要。眼看着辛辛苦苦种出来的菜头被用来喂猪，甚至倒进田里沤肥，菜农伤心得直流泪。

百年老牌子不能倒，世界名腌菜要"雄起"!当时的涪陵市委、市政府及有关部门都在苦苦地思索着、寻找着一条重振涪陵榨菜雄风的新路子。

按照市场经济的规律来分析，涪陵榨菜陷入困境的原因主要在两头：一头在市场，多年不变的老包装、老品种，已不适应市场的需要；另一头在菜农，种菜的成本太高，利润太薄，农民赔不起，一受风浪颠簸，就只有两个字的选择：不种!

找准了原因，菜业中兴的对策也就出来了：利用龙头企业，一头连菜农，一头连市场，实施产业化，让榨菜生产、加工、经营中的利润得到较为合理的分配，使各方面的积极性都能调动起来。

在市场方面，把过去的坛装榨菜进行精加工，改变包装，以小包装为主；并把单纯的高盐改为高、低盐合理配备，适应不同消费者的需求，让榨菜真正进入千家万户。货色、品种、包装对路，榨菜自然就有了销路。目前，涪陵榨菜不仅在上海、天津、广东等沿海地区占领了市场，还漂洋过海闯世界……价格随之攀升走高，菜农扳起指头一算：精加工比粗加工增值一倍以上。

在菜农这头，推广了永安2号等优良菜种，使产量大幅度提高，质量也更加优良，增强了菜头的商品价值。另外，农民进行粗加工，获取了加工环节中的部分利润。农民有了想头：每粗加工1吨菜头，可增值200元左右。

龙头企业在涪陵榨菜生产、加工、销售"一条龙"中也确实起到了"龙头"的作用!

涪陵榨菜集团公司是最大的一家龙头企业，该公司下属有24家榨菜加工厂，分布在上至石沱，下到南沱，连绵80余公里的长江沿岸。该公司生产的乌江牌榨菜，是涪陵榨菜中资格最老、声誉最高的品牌。目前，乌江牌榨菜年销售量3万吨，销售额1亿多元，占涪陵榨菜生产、销售总额的30%左右。

这家公司与菜农的利益是紧紧相连的：公司与厂家都拿出部分利润扶持菜农，免费为菜农提供优良种子，并与1000多户种植大户签订合同，风险共担、利益均沾、互相依赖、共同发展。

"公司加农户"模式使涪陵榨菜雄风重振，并成为目前枳城区最大的一项产业。今年，枳城区的14个乡镇种植了榨菜14万亩，占土地面积的一半以上，产鲜菜头28万吨，加工成品菜11万吨，其中小包装有7万吨。

百胜镇可以说是家家种榨菜，户户腌菜块。今年，这个镇种了3万亩，产菜头9万吨，占了全区的三分之一，农民种榨菜人均收入在1000元以上。镇财政也成了"菜财政"，工商税收中60%来自榨菜产业。

涪陵榨菜在市场经济大潮中崛起，枳城区农村靠榨菜"雄起"。枳城区榨菜办公室的同志说：区里已经制定了宏伟规划和配套措施，不仅要让农民们"挑着榨菜奔小康"，而且要让枳城这个"榨菜大区""榨菜强区"的名声响遍四方。

一品旺，财路畅；一业盛，事业顺。看来，这榨菜头虽小，可市场不小，能量不小，前途不小！

1996 年 11 月 15 日，《重庆日报》

金佛山，金子山！

　　"南川不靠江（长江），不靠边（边境），不靠海（沿海），只靠山。"走进南川市，南川的干部、群众对我们这样说。

　　南川靠山，靠的是金佛山，一座南川人眼里的"金子山"！

　　位于大娄山脉西北侧的金佛山，总面积1300平方公里，占了南川市辖区面积的一半。

　　"外地人只知我们金佛山是国家级风景名胜区。有原始古朴的自然风貌，种类繁多的珍稀动植物，但对埋藏在山里的矿产资源就知之不多了。"南川市长李中直自豪地说。据勘测，金佛山可供开采的矿产资源就有20余种，尤以煤、铝、硫、石英砂、石灰石为丰。煤储量3.05亿吨，是全国重点产煤县（市）之一；铝土矿储量5000多万吨，占四川省铝土矿总储量的一半以上；硫铁矿储量1.04亿吨，石英砂2000万吨，石灰石100亿吨以上。

　　有如此富有的山，南川人理所当然地做起了"靠山吃山"的文章："开发金佛山，狠抓川湘线"的发展战略深入了每一位南川人的心里。

　　川湘公路顺金佛山下而过，开发金佛山矿产资源的重任就落在了川湘沿线的乡镇上。我们顺着川湘公路采访，只见沿途工厂林立，矿井错落，煤车穿梭……从西向东，一条经济动脉使南川的山山水水都活跃了起来。

与万盛区接壤的南平镇，辖区内有10多家煤矿。在南平煤矿，矿长介绍说，今年，矿里产原煤将突破16万吨，产焦煤2万吨，销售收入1500万元，利税210万元。矿里利用自己的流动资金，投入400多万元，正在扩建一座年产30万吨的矿井。目前，南川市的40多家煤矿，年产量已达到200万吨。所有的煤矿中，无一家亏损，全部盈利。

坐落在川湘公路边的先锋磷肥厂，那花园式的厂区，高大的厂房，自动化操作控制系统，如果不介绍，谁也不会想到这会是一家乡镇企业。这家以金佛山丰富的硫铁矿为主要原料、产品获省优的企业，年产磷肥5万吨、硫酸4万吨，年产值已突破3000万元。正是它的"龙头"效应，带动了30多家生产硫铁矿粉的配套厂。

100亿吨的石灰石，为南川发展建材业奠定了资源基础。水泥成为建材行业的骨干项目，全市18家水泥厂，年产量达到50万吨。在文凤镇，我们所看到的先锋建材公司，2座12万吨的水泥厂，年产值已达到3000万元，利税300万元。昔日被视为贫穷象征的油光石山坡坡，如今已变成座座"小金山"。

南川的煤变成滚滚"乌金"，南川的油光石变成了"黄金"，南川的砂也变成了耀眼的"砂金"。南川人利用石英砂为原料，办起了4座平板玻璃和玻璃制品厂，年产值已达到2个亿，使南川成了川东地区最大的玻璃生产基地。

"把地下资源挖出来变成钱，只是靠山吃山的第一步。"南川市的领导说，"对资源进行深加工，实现第二次，第三次增值，是我们的第二部曲。"

这第二部曲已经唱出了点名堂！

把煤变成电，实现就地增值。已经建成的火力发电厂，装机容量3万千瓦，每年吃掉煤炭20多万吨。而正在建的电厂还有2座，由美国投资者来投资建设的爱溪火电厂，是涪陵市目前引资项目中最大的一个项目。

南川的铝土矿不仅储量居

全省第一，而其品位之高，质量之优，在国内也属罕见。如今，铝土矿的开发已从卖原矿、烧结矿，过渡到利用铝土矿为原料，生产高级耐火材料棕刚玉。今年4月，由隆化镇牵头引资，总投资4500万元的棕刚玉厂动工建设，年底前即可全面投产。这项工程是南川市"九五"期间开工的第一大工程，全面投产后，年产值可达1.2亿元，年利税可达3000万元。李中直市长透露：在发展棕刚玉的基础上，将利用现代科技，向生产氢化铝、电解铝、镭等高科技产品迈进。

南川人靠山吃山可谓越吃越有味道！

金佛山肚内的宝藏已够南川人挖掘的了，而地面上的"金山四绝"——银杉、方竹、大叶茶、杜鹃王和"金山三精"——人参、竹米、天竺葵，更给南川人带来了无限的财富，使他们辈辈代代都吃不完。

我们离开南川时得知，南川市委、市政府的一项重大举措即将实施：在金佛山建南川的"特区"，对金佛山的地下和地上资源进行重点开发。

金佛山，好一座金子山！

1996 年 11 月 11 日，《重庆日报》

武隆：山水旅游一条龙

伴随长江三峡热的快速升温，一个响亮的名字——武隆，在巴山蜀水回荡。

武隆，地处云贵高原大娄山脉和武陵山脉交错的褶皱带。从涪陵溯乌江而上，第一座秀丽的县城，就是武隆的治所。据《太平寰宇记》载："唐，武隆县，以武龙山得名。"明朝洪武年间，因与广西州田一县同名，故将武龙县更名为武隆县。

武隆算是一条龙，但多少年来却是一条被十万大山所围困的卧龙、病龙!直到1990年，全县人均收入仅365元，人均财力仅2642元，国家级贫困县的帽子牢牢地扣在武隆人头上。

武隆贫穷，穷根何在？穷在环境，穷在山水。"养儿育女不用教，武隆山水走一遭"，在乌江流域广为流传的俚语，说明了武隆山穷水险，环境恶劣。这是一方面。另一方面，也穷在观念，穷在思路。思想落后导致经济落后。

偶然的事件拨动了武隆人的神经。1993年5月26日，一个奇妙的洞穴在芙蓉江与乌江交汇处的江口镇被发现，此洞紧靠芙蓉江，故名芙蓉洞。

时值三峡旅游正热，武隆人突发奇想：将长江线上的游客分流乌江，让他们领略一下"地下龙宫"。不看不知道，一看吓一跳。当一批批游客怀着征服大自然的激情来此探险时，很快被大自然征服了。芙蓉洞太美了!正像中国洞穴研究会会员朱学稳教授所评价的："芙蓉洞是一座斑斓辉煌的地下艺术宫殿，内容丰富的洞穴科学博物馆，堪称中国第一恫（洞）。"

"舞旅游龙，打旅游牌!""醒得晚、起床快"的武隆人，由书记、县长带队到涪陵、重庆等长江沿线城市，展开了强劲的宣传战、广告战。一时间，游客云涌，车船频往，武隆山区那维持了千百年的宁静被打破了。仅1994年、1995年，芙蓉洞就接待了来自全国各地和澳大利亚、英国、德国、日本等国的中外游客十几万人次，门票收入达500万元。芙蓉洞的开发成功，使武隆人看到了旅游的巨大能量，也认识到了境内所蕴藏的资源潜力。

武隆县旅游景观丰富，自然风光独特，融山、水、洞、林、泉、峡于一体，集雄、奇、险、秀、幽、绝于一身，诚如清代进士翁若梅所言："蜀中山水奇，应推此第一。"特别是芙蓉江、仙女山、白马山、乌江等四大景区，其开发潜力之大，游览价值之高，在蜀中乃至全国均属罕见。

为使潜在的旅游资源转化为现实的经济资源，进而形成振兴武隆的后续财源，县委、县政府明确提出：要将旅游作为龙头产业来抓，坚持高起点开发，以旅游带动第三产业的发展，扩大对外开放。促进全县经济和社会的全面进步。在发展战略和思路上，强调以芙蓉洞为龙头，重点开发"一江两山"（即芙蓉江、仙女山、白马山），坚持"两分一统"（分散经营、分步实施、统一规划）。

芙蓉江由贵州进入武隆，35公里的江段有大小河滩40多处，有自然、人文景观80余处，人称"水送山迎人芙蓉，一川游兴画图中"。为有效利用资源，县里由财政局牵头，交通局和江口、石桥、浩口等乡镇及部分村社参加，组建了芙蓉江旅游开发实业有限公司。新开发出的芙蓉江漂流项目生意兴隆，拥有大小皮艇150多艘，熟练艄公百余人，去年4至9月的漂流旺季共接待"漂客"2.8万人，门票收入150万元。

距武隆县城30公里的仙女山景区是名副其实的森林公园，在海拔近两千米的山顶上除30万亩林地外，还有由16块大坝构成的10多万亩草原。该公园通过多方位、多渠道引资600万元用于景点开发，先后建起了会仙山居、风情野居、赛车场、跑马场、射击场、狩猎场等娱乐、休闲场所。这个具有西欧牧园风情的南国草原，像磁铁一般吸引着众多游客，高峰期每天数百上千人。

"旅游作为龙头产业，不仅可以直接创造巨额经济效益，而且能带动第三产业乃至整个经济的高速发展。"精明强干的县委书记杨京川说。

江口镇近两年可谓近水楼台先得月，他们围绕旅游搞跟踪配套服务，大力发展第三产业，先后开办了芙蓉村、醉芙蓉、芙蓉饭店、芙蓉客栈等数十家餐旅馆。县城巷口镇也乘旅游开发之风，兴办了龙都、芙蓉江等数家高级宾馆。交通、通信也应旅游之需加快了建设步伐。随着巷白路、双白路重丘二级水泥公路的相继通车，武隆至涪陵由原120公里减程为75公里；程控电话、BP机、大哥大的开通，正改变着山里人的形象和观念……

旅游这条龙，被武隆人舞活了！

1996 年 12 月 09 日，《重庆日报》

烤烟之乡

　　走进彭水苗族土家族自治县，看的是烟，听的是烟，讲的是烟……

　　烟的新闻、烟的故事一串又一串!

"烟财政"

　　彭水是著名的"烤烟之乡"：烤烟总量全省第一，占全省收购量的20%；今年全县种植了24万亩，收购量可突破50万担。由于其适宜的土壤和气候，烟叶质量优良，是全国优质烟叶基地县。

　　烤烟的税率相当高，收购金额的30%左右是财政收入。所以，在彭水，从县到乡，都是吃烟饭，乃名副其实的"烟财政"。

　　1995年，彭水烤烟的税收是5660万元，占全县税收总额的72.6%。今年，彭水的财政收入上亿元，但其中80%将是由烟税提供。领导们的话语中流露出自豪："年初唱的是烟调子，年中走的是烟路子，年底数的是烟票子。"

　　"烟饭不仅让农民吃饱，也让我们乡财政吃饱。"平安乡党委书记洪江说，"去年全乡烟税收了130万元，今年可以翻一番!"

"烤烟路"

在彭水有一怪：高山上的公路比平坝的多，不少高山乡都实现了村村通公路。

这些路被称作"烤烟路"。

去冬今春，保家区自筹资金60万元，发动农民义务投工，同时动工修建8条村级烤烟路，总长90公里，修好后，可贯通40个村。

烤烟生产中的运输量相当大，化肥、烤烟用的煤要运上山，烤好的烟要运下山。因此，修建烤烟路就成了政府和烟农的共同愿望。

1989年，县里提出修建烤烟路后，年年冬春，都能见到烟农们挥汗修路的壮观场景。几年来，全县已修好烟公路500余公里，基本上把山区的乡村连接了起来。

"烟哥""烟头"

在彭水县的种烟区乡，一些被称为"烟哥""烟头"的干部，情况最熟的是烟，说得最起劲的是烟，干得最欢的也是烟。

平安乡鹿平村党支部书记石兴安，为了带动村民们种烟，给村民们做出榜样，今年，带着两个儿子，到离家3个小时步行路程的山上

搭了一个窝棚，安营扎寨，垦地开荒，种了164.7亩烤烟，成了大"烟哥"。他对乡里的干部说："我听说过北大荒的故事，现在，我要自己干出北大荒的事业!"鹿箐乡大青村的任洪勇是全国劳动模范，是位远近闻名的"烟头"!

大青村有194户农民，任支书带领村民们种烤烟，不仅摆脱了贫困，还逐步走上了富裕的道路。去年，全村户户种烟，共种了800亩，人均种烟收入928元，为国家交税16.3万元，人均提供烟税257元。

种烤烟使大青村人改变了生产和生活环境，公路修到了家门口，山泉水流进了水缸里，电灯在农家小屋里亮起来，广播喇叭在农家的堂屋里响起来……村里有一户年收入3万多元的农民，自己花五六千元，安装了卫星地面接收设备，买上了彩电。

"烟为媒"

几年前，彭水流传着一句顺口溜："有女不嫁鹿箐山，寒冬腊月缺衣穿。"

如今，鹿箐山一带又有了新的顺口溜："吃烟饭，走烟路，种烟发了娶媳妇。"

"烟媳妇"成了山上频频传出的佳话趣闻，也是山上小伙子们引为自豪，扬眉吐气的事之一。

由于烤烟适宜于海拔700米以上的高山种植，近几年的彭水，平坝没有高山富，山下姑娘嫁上山就不为奇了。

海拔1300米的鹿箐乡石桥村四组的王天银，4个儿子中已有3个娶了媳妇，全是山下的姑娘。其中大儿媳妇和二儿媳妇还是两嬢侄，侄女嫁到王家做大儿媳妇后，见王家种烟致了富，又做媒把自己隔房的嬢嬢介绍给婆家兄弟做媳妇。看到3个比自己儿子长得高大、漂亮的儿媳妇，王大爷整天笑得合不拢嘴。

在彭水，"烟为媒"的故事不时可闻，并且流传得很广，很
远……

1996 年 11 月 18 日，《重庆日报》

长毛兔儿家家有

    "玉兔快跑，畜牧突起。"石柱土家族自治县的领导用8个字概括了石柱的支柱产业，"这是石柱经济的外在形象!"

    石柱，全国最大的长毛兔基地县。1995年，在经受住了一次又一次的市场冲击之后，石柱长毛兔得到了稳步的发展：年末长毛兔圈存突破200万只，产毛820吨，总收入7056万元；农民人均养兔收入167元，为财政提供税收313万元。

    石柱县的长毛兔产业，是应市场而生，随市场而长，在市场竞争中逐渐壮大起来的。长毛兔的发展史，可以说是石柱市场经济的发展史。

    在80年代中期，我国沿海地区的江浙、山东等地率先发展长毛兔，使一些农户很快致富。到80年代后期，这些发达地区纷纷转向发展其他产业，全国的长毛兔生产由于受市场波动的影响，从波峰跌进了低谷。

    1985年开始发展长毛兔的石柱县正是在市场竞争的波峰浪谷中冲刺、突围出来，并创造了高速、高效发展的奇迹。

    那么，石柱的长毛兔产业，是如何在无情的商战中过五关、斩六将的呢？

首要的是找准劳力资源和自然资源优势的结合点。石柱是山区贫困县，发展工业项目条件不如平坝地区。而石柱的草资源又相当地丰富，耕地与草地之比为1：1.95，全县的草地面积载畜量为14.36万个牛单位。因此，引导农民利用这丰富的牧草资源发展长毛兔，可以说是使劳力资源和自然资源的优势得到了最佳的结合。

把兔农引向市场，而不是推向市场，使兔农逐步地适应市场、驾驭市场。近年来，石柱县多方筹资400多万元，在长毛兔集中产区临溪、南宾、龙沙等区乡建起了17个兔毛专业市场，既为外地客商提供了收购以兔毛所需的仓储及粗加工的场地和设施，又使兔毛交易得到了规范化管理，保护了农商双方的利益。在价格政策上，开初几年，当跌入低谷时，政府采取保护价收购，使兔农经受住了风险，然后再逐步放开。如今面对价涨价跌，兔农们已见惯不惊。"任你风吹浪打，我自闲庭信步"，已成为兔农们的普遍心态。

跨出国门，外向开拓，使石柱的兔毛直接打入国际市场。临溪镇等与浙江畜产品公司、重庆华裕公司等合作，加大兔毛的直接出口数量，提高了养兔的效益，使市场空间更为广阔。

"德国长毛兔在中国找到了可爱的家乡！"今年7月中旬，德国北威州农业部长毛兔专家冈特·库斯特施到石柱考察长毛兔生产基地和兔毛市场后，发出了赞叹，并对与该县的项目投资和技术合作表示出浓厚兴趣。

引进良种及先进饲养技术，提高兔毛质量，使石柱的长毛兔毛在国际市场上有了竞争力。近年来，石柱从德国及中国上海、浙江等地引进良种长毛兔12.5万只，先后7次邀请德国的长毛兔专家到县里来讲技术课，培训养兔技术30多万人次，印发技术资料30多万册。良种和先进的饲养技术使兔毛的质量得到稳步提高，在国内乃至国际上都有了强大的竞争力。临溪镇经过多年的努力，使当地产的兔毛树立起了"长、松、白、净"的良好声誉。为保护既有的好名声，政府、工商部门和兔农联手打击假冒伪劣、掺杂混级的行为；兔农们还坚持持"产销证"到专业市场销售。

市场引导兔农，兔农顺应市场。石柱长毛兔养殖业在市场经济的海洋里经受住了风浪的考验，兔农们像水手一样更加老练、成熟。

1995年上半年是长毛兔生产最困难的时期。饲料上涨，兔毛价格从每公斤100多元跌至60元。"有跌必有涨"，兔农们处变不惊，胸有成竹。他们采取延期剪毛，利用储毛技术储存兔毛等办法，等待价涨时再销。果不其然，到了9月份，兔毛的价格回升到每公斤110元以上。虽然饲料价涨，毛价偏低，但因规模经营，养兔仍有可观的效益。王家乡西乐村的马敬阳，养成年兔508只，出售兔毛210公斤，收入18900元，比上年增收4900元。

"价格降，兔子上，价格回升才有望。"兔农们在市场经济的"游泳"中总结出了行之有效的经验。"价昂莫赶，价低莫懒"，人们在实践中学到了辩证法。养兔基地镇临溪，去年兔毛价跌之时却新增加了63000只仔兔。风平浪静之后，临溪人尝到了打鱼人家满载而归的甜头。

当地兔农自豪地宣称："谁说兔子尾巴长不了，我们石柱的兔尾巴就变长了！"

1996 年 11 月 12 日，《重庆日报》

一巧胜百力

"旧说天下山，半在黔中青；又闻天下泉，半落黔中鸣。"对骚人墨客而言，黔江土家族苗族自治县堪称山清水秀，但对土著的平民百姓来说，黔江县却到处是穷山恶水。

黔江县居武陵山腹地，群山耸峙，江河切割。正是这些高山壑谷阻碍了山里人的商品生产、商品交换，使人们长期囿于传统的小农经济圈内。尽管黔江人曾在"与天斗其乐无穷，与地斗其乐无穷"的口号中向武陵山要田要粮，但因没有顺应自然规律，缺乏科学技术的武装，结果反而打了败仗吃了亏。1985年，黔江县农民人均年收入仅200多元，人均占有粮食不过三四百公斤，国家级贫困县的帽子像紧箍咒一样牢牢地套在黔江人的头上。

"苦干精神是值得提倡的，但苦干并不等于蛮干，而应依靠科技进步，走科技兴黔之路"，黔江人在实践中逐渐聪明和成熟起来。

"七五"期末、"八五"期间，黔江县采取"统筹规划，整体推进；强化管理，落实责任；典型引路，科技示范；加大投入，增强后劲；激励竞争，重奖功臣"等发展措施，分步实施了科技兴农、科技兴烟及科技兴县10亿工程，先后投入资金数千万元，推广使用新技术200

多项，20多个项目和19个新产品先后获得国家科技进步一等奖、农业部科技成果推广一等奖奖励、表彰。

"七山一水两分地"，大体概括了黔江县的地理地貌。全县2400平方公里的面积中，耕地仅有40几万亩。由于多属高山地带，"不冷不热，五谷不结"，粮食生产一直是个老大难。找准症结所在后，黔江县决定从推广"两杂"（杂交水稻、杂交玉米）、实施"两育"（地膜育秧、肥团育亩）入手，用科学种植方法逐渐取代传统耕作方式。同时，对低洼地、低产田进行良田化、丰产化改造，"水田改旱地，一季变两季"。通过"一改带三改"，既提高了复种指数，又提高了粮食单产。"八五"期间，全县水稻、玉米两大粮食作物单产由起初的284公斤、189公斤分别提高到403公斤、329公斤，粮食总产量年均递增11.7%，名列全省前茅。

"'两杂种'（杂交水稻、杂交玉米良种）饱肚，'三爷子'（烟叶子、蚕儿子、山羊子）致富。"当黔江人根据得天独厚的气候、土壤条件确定大力发展烤烟之后，"依靠科技，提高单产，猛攻质量"便成为全县上下遵守的法则。县烟草公司扛起了科技兴烟的大旗，5年投入500多万元，用于扶持各级烤烟示范片，供应优良烟种，购买技术资料，提供技术培训等。广大烟农也自觉按技术规程耕作，基本做到了好土种烟，培育壮苗，配方施肥，打顶抹芽，科学烘烤。

科技兴烟，使黔江烤烟生产获国家质量金奖，使黔江成为全国烤烟基地先进县。更重要的是，老百姓从烤烟生产中得到了实惠，找到了贫困山区脱贫致富的有效途径。

距县城50多公里的水市乡，平均海拔1200米，属典型的高寒山区。1985年，该乡还是全县有名的贫困乡，人均收入126元，人均占有粮食331公斤，远远低于全国、全省的平均水平；农户中85%属国定贫困线以下的贫困户，仅单身汉就有130多人。

但从推行科技兴烟工程以来，水市乡是家家种烤烟、户户发烟财，科技普及率达100%。去年全县烤烟总产达70万公斤，烟叶总产值达570万元，户平收入5412元。濯水区工委书记梁正华乐呵呵地介绍说："如今的水市乡可得刮目相看了，全乡现有电视机852台、收录机648台、洗衣机118台，农民购买汽车16辆、摩托车26辆、多功能粉碎机844台。水市成了黔江县的小康示范乡，黔江地区的首富乡!"

↑ 烤烟房远看像雕楼

使蛮力，费力不讨好；使巧劲，一巧胜百力。在黔江县采访期间，我们耳闻目睹了一个又一个依靠科技发家致富的种植大户、养殖大户。水市乡农民谢宝清是当地著名的"烟王"，他通过推广营养袋、双层施肥等新技术，使所产烤烟量高质优，年收入达3万元，被省科协授予"科普先进"称号。寨子乡寨子村的余昌碧，科学管桑养蚕，3年向国家交售蚕茧3750公斤，去年养蚕36张，收入10450元，成为远近闻名的"大户人家"。马喇镇的何建祥、张光辉，去年从河北省三河市全国养牛状元李福成那里购到全套科学养牛录像资料带后，便投资13万元着手开办养羊800只、养牛200头的畜牧饲养场，此举轰动了川东南。

多少年来，黔江人一直在思索着、寻找着山区经济发展的启动力、推进力，如今他们终于从实践中感悟到了：科技是第一生产力。

1996年11月29日，《重庆日报》

文化背后有文章

　　酉阳土家族苗族自治县，是个革命历史文化和民族民间文化积淀丰厚的地方。孙中山大元帅府秘书王勃山，无产阶级革命家赵世炎、刘仁，女革命家赵世兰、赵君陶都曾生于斯长于斯。

　　走在这块神奇的土地上，除了感受到那浓烈淳朴的风土人情外，更让人心动的是，酉阳人充分发掘先辈、先烈们留下的精神财富和文化遗产，古为今用，文经结合，使山区经济快速发展，民族文化空前繁荣。

　　后溪乡是被黔江地区命名为土家"摆手舞之乡"的特色文化乡。乡里的大人细娃，都喜欢在那美丽的长潭、三晗山、酉水河边跳摆手舞。特别是长潭村那古老的摆手堂遗址，令后溪人倍感骄傲和自豪。

　　然而，在后溪人没有认识、利用自己的独特优势前，后溪在经济上大大落后于同饮一江水的秀山石堤和湖南里耶等地。后溪人在跳摆手舞之时，也只能感伤地唱出"八面山高雾沉沉，半岩脚下雨淋淋，石堤街上人如云，里耶码头大天晴"的山歌。

　　近几年来，频频来此采风、观光的学者、游客给后溪人带来了新潮的信息、开放的观念，使他们看到了当地的文化和旅游资源优势。

"发掘文化资源，释放文化能量！"后溪人找到了振兴之路；并率先利用酉水河这条大通道，发展水上运输，带动文化旅游。目前，全村三分之一以上的农户从事水上运输和商贸经营；60多艘机动船、木船使

后溪成为邻近10多个乡镇的商品集散地。三晗山、长潭的旅游资源正着力开发，长潭摆手堂等一批人文景观正在修复。

优秀的民族文化和独特的旅游资源吸引了越来越多的人。便利的酉水河通道使后溪人走出了大山，山外人闯进了后溪。

被地区命名为"龙舞民乐之乡"的钟多镇，把传统文化与经济发展融合起来。镇里建立了一个专业文艺团体——钟多镇文工团，投入近百万元建起了文化事业一条街，现有30多个文化经营、表演场所，有2000多名专业与业余参与者的龙舞队、锣鼓队、唢呐队、电声乐队和歌舞队等。这些文艺表演团体与镇内的企业"联姻"，用文艺形式宣传企业的产品，开拓市场，出现了"文经共搭台、协作唱大戏"的生动局面。

文化与经济的有机融合，使钟多镇的农村经济发展速度高于全县平均水平。去年，全镇乡镇企业产值达到1.69亿元，创利税500多万元，名列全地区前茅；农民人均纯收入也比全县平均水平高出130多元。

土家族每年都要举办"舍巴日"（即跳摆手舞），"大摆手"一般历时七八天，除跳摆手舞外，还与文艺体育活动、集市贸易等结合起

来。近些年来，酉阳人以"舍巴日"为媒，发展边贸。龚滩区地处边区，水上运输方便，区里建起了清泉—两罾—龚滩—沿岩长达26.5公里的边贸走廊。在这条走廊上设立了17个零售、批发中转站，在贵州的沿河、思渠、洪渡等地设立商品信息点，使本地和贵州等地的香菇、席子、红苕粉等土特产品集聚于市，销往山外。本地的个体户也从重庆、涪陵等地购回日用百货，通过这条走廊转销到毗邻县区。

酉阳的南腰界乡，西临乌江天险，南依贵州梵净山，是川黔两省5个县的结（接）合部。1934年4月，贺龙、关向应率领工农红军第三军，从湖北洪湖突围来到这里，开辟了革命根据地。同年10月27日，任弼时、萧克、王震等率领的工农红军第六军团西征于此，与红三军胜利会师。这里，留下了红军的脚印，也留下了革命文化的种子。60多年过去了，这里的老人还念念不忘当年的情景，细娃们也从老人那里学会了"杀尽土豪劣绅，我们都是工农出身"的红军歌曲。"红二、六军团会师大会地址""红三军司令部旧址"，成为革命传统教育的生动课堂。

1984年，南腰界乡人均纯收入不足100元，人均占有粮食仅200公斤。近几年，南腰界人在红军精神的激励下，艰苦奋斗，致力开拓，在深山里修筑了水电站和11座小型水库，开垦了上万亩旱涝保收的高产田，建起了粮食、烤烟、畜牧三大商品生产基地。如今，全乡80%的农户照上了电灯，70%的村组通了公路，30%的农户吃上了自来水，45%的农户盖起了新房屋，有6个村已装上了闭路电视⋯⋯

"酉水河畔谱新歌，南腰界上铸辉煌。"今天的酉阳儿女，在浑厚的革命历史文化和民族文化的熏陶下，正意气风发，发展新文化，创造新文明！

1996 年 11 月 26 日，《重庆日报》

边城秀山

　　川东南民间有此说法："黔江无江，秀山无山。"其实，秀山并非无山，只是从宽阔的秀山坝子眺望，大山仿佛远在天边。因感受近似成都平原，人们喜欢称秀山为"小成都"。

　　然而，"小成都"与大成都相隔千山万水，乘车、坐船得花三四天。由此，秀山又有了另外的别名——"边城""天府好望角"。

　　秀山土家族苗族自治县不仅偏僻遥远，而且区位特别，东挨湖南，南界贵州，一脚踏三省。清代文人章恺以诗言景："蜀道有尽时，春风几处分。吹来黔地雨，卷入楚天云。"

　　到省城难，难于上天，出省域易，易如反掌，特殊的地理位置和条件，使秀山与毗邻省、县联系密切、交换频繁。从传统的商品流向看，秀山市场上的工业品大多来自两湖、两广；其土特产品又多销往长沙、怀化、柳州等大中城市。

　　但在计划经济条件下，地方保护、地区封锁、画地为牢，割断了秀山与毗邻地区的经济往来，使这座川东南的"门户"变成了日益封闭的"孤岛"。至80年代中期，全县社会商品零售额才7699万元，人均156元；财政收入462万元，人均仅仅9元。

近年来，在商品生产、市场经济的冲击下，秀山人明确提出摆脱行政隶属的束缚，冲破地区割据封锁，面向川外，敞开大门，与毗邻省、县互为市场、互通有无、互助互利。县里出台了一系列"放宽、扶持、灵活、照顾"的政策措施，大力发展民族边区的商业贸易。

为改变以街为市、以路为市的落后状况，县里先后投资近3000万元。兴建起边贸、农贸、商贸、民贸等市场40多个，此外建立各类商业服务网点1万多个。

秀山县城在历史上曾是相当繁华的边区贸易中心。光绪县志载："至于居货成市，竞来商贾千里奔走，为一都会。其物通行流衍，达乎江、汉、河、淮、海之间。"乾隆年间，湖南、湖北、江西、贵州等地商人在秀山建有商号100多家，他们利用酉水、邑梅河上运花纱细布，下运油桐皮毛，交易兴隆，财源滚滚。

如今，当记者来到县府所在地中和镇时，顿觉商风扑面，生意火爆：沿街两旁，服装、食品、日杂等摊点一字儿排开，来自四邻八方的苗族、汉族、土家族人大包小包出货进货，印有"湘运""黔运"标志的货车将轻纺、百货源源不断地运来，又将秀山的土特产品源源不断地运走。

紧靠国道319线和326线交叉处的凤翔小商品批发市场更是人山人海，热闹非凡。这个被黔江地区命名的"文明市场"，占地面积6000平方米、建筑面积8000平方米，是中和镇多方筹资160万元于1992年建成使用的。有道是："进货看来源，销货看去向。"在凤翔市场，来自两湖、两广、江浙等8省18个县市的150多家"坐商"，批发经营着五金、交电、大小百货等上万种商品。川、湘、黔诸省的酉阳、铜仁、松桃、沿河等十几个县市的"行商"来此进货，入市采购者年达15万人次以上，年成交金额两三千万元。该市场每年税收和工商管理费就在50万元以上，设施租金可达30万元。真的是：建一个市场，活一方经济。

与此同时，全县农村涌现出辐射面广、产业相对集中的专业市场近200个，其中清溪场竹制编织品和梅江银丝精制斗笠专业市场以年成交500万元的规模居全县各专业市场榜首。

市场建设、商业贸易的迅速崛起，极大地促进了包括运输业、饮食服务业、传统加工业在内的第三产业的发展。资料显示，从1986年至1995年，全县第三产业以年均11.2%的增长幅度持续上扬；去年，城乡共有4万余剩余劳力转入第三产业，其产值占全县生产总值的35%。

尤为可喜的是，那些自古"不与秦塞通人烟"的穷乡僻镇，如今也"大门对着省外开"；大批土生土长、自给自足的土家族人、苗族人，摇身一变成了"两头"（一年开头、一年到头）在外的生意人。在中和镇乌杨树村，记者看到这样一幅标语："少生孩子多经商，集中精力奔小康。"据悉，该村利用边区的地理、政策优势，常年有五六百农民活跃在毗邻各省市场上。"羊老板"龚和林，从武陵山区购羊，然后贩运到南方省、市销售，每年获纯利60多万元。

迎八方宾客，纳四海财源。与湘西花垣县一河相隔的洪安渡，正是著名作家沈从文当年笔下的"边城"。此地户开两广，锁钥三湘，水陆两便。徜徉街头，只见车水马龙，人货两旺，那热闹场景俨然一幅当代清明上河图。边贸如此繁荣，当然有其政策和环境的背景。洪渡桥头一副牌坊联格外引人注目："物华天宝政策优惠巴蜀东南隅，人杰地灵环境宽松天府好望角"；横联是："欢迎您到秀山来!"

1996 年 12 月 13 日，《重庆日报》

第五部分

武陵山剿雪记

开篇的话

雪压中国，冰冻重庆。逼近农历戊子年年关，雨雪冰冻灾害天气不期而至，给这个春节带来了难以承受的严寒。

武陵山脉跌宕起伏，呈现出一派旖旎风光，但山高路远的特殊地理条件，使其首当其冲遭遇雨雪冰冻灾害的肆虐。地处武陵山区的酉阳、秀山、黔江、彭水、武隆等地的干部群众，如何抵御这突如其来的风雪严寒？又如何度过这个特殊的年关？请看本报记者来自渝东南灾区第一线的系列报道——武陵山"剿"雪记。

千里冰封

并非童话

1月13日，海拔800多米的彭水苗族土家族自治县汉葭镇北斗村。下午6时许，纷纷扬扬的雪花飘洒在二组老农向上成家的院坝。向上成见到飘零的雪花很是高兴——"瑞雪兆丰年"，是千百年的农事经验。

向上成9岁的小孙孙向奎更是兴奋，在中国西南的重庆，书本上那个并不多见的银装素裹的童话世界出现了——14日傍晚时分，向奎在院坝里已堆起了一个跟他差不多高的雪人儿。

15日，16日，17日，18日……鹅毛大雪没有停歇的迹象。62岁的向上成坐不住了，心里掠过一丝不祥：活了这把年纪，他只是在1954年见过类似的大雪，但当时仅仅在两三天后就飘洒殆尽，而今年的"瑞雪"已吞没了田块，盖住了蔬菜、小麦、油菜。与此同时，向上成发现家里储存的500多公斤土豆种也变了颜色，"看来庄稼开始挺不住了"。

风雪仍在持续。10多天后，向上成家停水了——户外的水管被冻成冰棒，多处爆裂，水窖被冰层盖得严严实实。向上成担着水桶赶到村里的一口老井时，已有乡亲用斧头、钢钎在井里凿——井水同样结冰了，人踩上去安然无恙。

25日下午，向家正播放着连续剧的电视机突然哑了。傍晚，向上成得知，结了冰的电线多处绷断，全村从此陷入黑暗。

1月27日，彭水启动了突发气象灾害应急预案——人们此前的不祥预感得到确切印证：令人欣喜的"瑞雪"，已转换成一场数十年乃至近百年不遇的自然灾害。

细娃儿眼里的童话世界，变成了严酷的灾难现实！

"瑞雪"成灾

2月5日，农历腊月二十九日，持续了大半个月的雨雪天气并没有顾及人们迎接年关的喜悦。

当天上午，记者一行赶至彭水时，县救灾办提供的一份灾情资料表明，与常年相比，这场特大低温、雨雪、冰冻灾害呈现四大特点：气温最低——海拔600米以上乡镇连续20天平均气温在0℃以下，极端最低气温达零下6℃，为该县有气象记录以来的最低；持续最长——低温冷冻天气已持续21天，县城降雪日达13天，高山乡镇持续出现中到大雪，局部暴雪，为气象记录以来同期之最；冰冻最强——海拔600米以上区域连续20天处于积雪、冷冻状态，最大积雪深度达40厘米、结冰达10厘米，强度为有气象记录以来最大；历史罕见——此次雨

↑ 大雪封村

雪冷冻灾害为彭水1949年气象观测站建站以来最严重的一次，达特别重大气象灾害等级标准。

雪灾，成为铭刻在千里武陵山区的一份冰冷记忆——彭水39个乡镇不同程度受灾，直接经济损失达9000万元，全县农作物受灾面积达40万亩，占播种面积的72%，其中绝收面积达17万多亩；武隆县26个乡镇的187个村也未能幸免，蔬菜受灾面积达9万多亩、小麦受灾面积2万余亩，有5.6万多农户、30多万人生产、生活困难；酉阳土家族苗族自治县因灾冻死1000多头猪牛、3000头羊、5万只家禽；黔江区的经济损失达1.1亿元，有30万亩农作物受灾，海拔800米以上的八面山、灰千梁子等高寒地区积雪深度达三四十厘米。

损失仍在加剧……

频频告急

今年的年比以往哪一年都过得艰难。黔江区石会镇武陵村村民李久华一直感慨。

李久华家住海拔1000余米的武陵山上，由于水管全被冻结，他和乡亲们只有到1公里外的小河沟凿冰取水。水量很小，加之道路溜滑，挑一担水需要一个多小时，不少乡亲都摔倒在泥泞的田坎上。

突来的大雪，完全打乱了李久华的"春节计划"。李久华家距石会场镇10公里，因客车停开，他只有步行到场镇购置年货，而且需要踩着一寸厚的积雪走上两个小时。为了让家人过一个热闹的春节，李久华已往返场镇五六趟。

频频的告急声，打乱了武陵山区正常的生活秩序。

交通告急！彭水全县50条县内及出境客运线路只有7条能维持营运。1月中下旬，黔江区内以及县际、省际客车全部停运。酉阳县境国道304线、319线、326线均双向封闭。而在秀山土家族苗族自治县的县城，因为街道结冰，县城车辆全面禁行长达3天时间。

供电告急！彭水5个高山乡镇1.42万户处于完全停电状态，另有16个乡镇部分停电。黔江有5万人用不上电，多家企业因停电无法生产，截至2月3日，还有32个村的3741家农户未恢复供电。

供水告急！彭水全县49个供水站有35个停止供水，26万多人、18万多头牲畜饮水困难。因供水管道冻裂，黔江区22个镇乡无法供水，30多万人出现临时饮水困难，其中包括8万名城区居民。

农历戊子年年关，雨雪灾害天气真成了武陵山区干部群众必须面对的大难关！

2008年2月12日，《重庆日报》第一和二版

顶风冒雪

从1月12日开始，长达20天严寒突袭了武陵山区，群山之间雪花飞扬，大地之上坚冰覆盖。

那些习惯了在温和天气中"服务"的电力设施、供水管道显然不能承受如此之重——电杆倒塌、电线断裂、供水管道冻阻或爆裂。黑暗、寒冷、干渴，这些与新春佳节极不和谐的窘况，威胁着武陵山区群众的正常生产生活。

在这紧急关头，武陵山区的电力、供水部门工作人员跋山涉水、顶风冒雪，恢复供电线路、更换供水管道，延续了已经中断的光明、温暖与滋润。

10小时电力大抢修

1月28日上午10点50分，秀山土家族苗族自治县到贵州省松桃县的220千伏输电线路突然跳闸，酉阳土家族苗族自治县县城、秀山部分乡镇和湖南省花垣县全境瞬间失去电力供应。

消息很快传到乌江电力公司总经理刘阳那里，他的神色顿时变得凝重——秀松线是贵州电网向乌江电力公司送电的大动脉，如果无法正常送电，三个县的群众将在黑暗和寒冷中度过春节。一刻钟之后，刘阳发出指令，让公司下属将正在蓄水的石堤水电站恢复发电。半小时以后，停电地区又重见光明。但刘阳的心情却一点没轻松：石堤水电站的蓄水只够发两天电，必须尽快修复秀松线才能保证电力供应。

在秀松线跳闸的同时，工程技术人员初步查明，跳闸是由于避雷线不堪覆冰重负，挂在了输电线路上，造成短路。根据仪器检测，工程技术人员大致判定秀松线的故障点位于秀山与松桃交界处，但无法精确定位。很快，乌江电力公司的现场巡线员周勇等人接到指令，要求他们全力以赴，尽快找到故障点。

此时，周勇等4人正在秀山与松桃接壤处巡线。从冰雪天气开始以来，他们就一直带着干粮，冒着风雪，步行巡视长达45公里的秀松线。接到指令后，周勇等4人加快了巡线步伐。幸运的是，故障点离他们并不远。半个小时后，他们找到了断裂的避雷线，并向上级做了汇报。

然而，电力抢救行动却陷入了困局。

故障点位于松桃县黄板乡海拔上千米的天星坡上，由于连日的冰雪天气，秀山通向松桃的道路已禁止通行，就算交通部门愿意放行，工程抢险队也无法登上已被坚冰积雪覆盖的天星坡。

到天星坡，还有一条近路，那就是从松桃县开车上山。不得已，乌江电力公司向贵州电网公司铜仁分公司打去了求救电话，铜仁分公司当即表示愿意全力配合抢修；他们又马上打电话给松桃供电局，要求想尽一切办法恢复秀松线供电。

40分钟后，一支由5人组成的秀松线抢险突击队从松桃县城赶往天星坡。

松桃县城通向黄板乡的道路早被坚冰积雪覆盖，抢险车只能以每小时10公里的速度行进。到达黄板乡后，突击队还必须步行4公里的山路才能登上天星坡。下午3点半，突击队终于到达事故现场。而在这几个小时里，一直在风雪中等候的4名巡线人员已查明具体的故障原因：51号至53号铁塔避雷线已断落两挡。但三座铁塔分别位于三座山头，其跨度有600米，每两座铁塔间分别有1小时路程，要在天黑前修复故障，现有人手根本不够。1小时后，松桃供电局又从就近的工地上调派7名抢险人员赶到天星坡，所有的抢险人员被分成三组，分别赶往三座铁塔。

对这些经验丰富的抢险人员来说，更换避雷线的工序并不复杂。可这时，天星坡上风雪交加，气温只有零下1℃，铁塔上又覆盖了厚厚的冰层，上塔难度非常大。穿着绝缘服和绝缘靴上塔换线的抢修人员，在刺骨的寒风中系好安全带，一边用榔头敲下铁塔上的覆冰，一边向铁塔高处攀登。大块大块的冰碴从铁塔四周倾泻而下，抢修人员也一级级艰难地攀高，越往高处，寒风越凛冽，登到塔顶，抢修人员的脸和手已经冻麻木了。在这样严酷的条件下，所有的作业都变得笨拙而缓慢……经过两个多小时的突击抢修，三座铁塔的避雷线全部更换。此刻，黑夜已将大地吞噬。

晚上8点20分，当抢险队走到天星坡脚时，他们接到了乌江电力公司打来的电话："秀松220千伏输电线试送成功。"

20天冰冷的午餐

"吃饭了，快点，端出来就要冷。"2月5日，农历腊月二十九，中午时分，黔江区国土局家属院楼顶，供水管道抢修队队长田应国两手拎着盒饭，一走出楼梯口就用沙哑的声音对工友们大声喊道。

正在楼顶更换供水管道的几位工人立刻放下手中的活儿，接过田应国递过来的盒饭。另有两名工人因为正在联系施工材料，仍旧在忙着。"过年了，饭馆大多不营业了，跑了两条街才买到的。"田应国对大家说。这时，黔江城区只有1℃，天空中飘着雪花，楼顶风大，盒饭一打开，热气瞬间被吹得无影无踪，工人们才吃了几口，饭就已经冷硬了。"吃了20天的冷饭了。"田应国笑着说。

由于连日的低温严寒，黔江城区室外的供水管道绝大部分被冻裂，有8万多人缺水。从1月15日起，区自来水公司的报修电话便一直响个不停，抢修队从早上6点就开始到各个居民小区抢修维护供水管道，一直要干到晚上12点。同时，自来水公司在城区开设了60多个临时供水点，保证居民饮水。29日，气温回升，自来水公司开始对冻裂的10万多米供水管道和17600余只水表进行更换。

"一出现低温灾害天气我们就买好了管道、水表和晚上施工用的应急灯。"负责现场施工的区自来水公司副经理简兴田说，由于人手缺乏，他们向乡镇、企业求援，增派人手，使抢修队伍达到110人，这支队伍从上午8点30分一直要工作到晚上10点。

由于施工现场多有冰雪，不少工人在作业时摔了跤，一位工人还摔折了腿。工人们在施工时要相互大声喊话，因此他们的嗓子大多是沙哑的。

不过10分钟，工人便匆匆吃完午餐，开始作业，有的在楼顶更换接头，有的则站在手摇辘轳上更换管道。

"国土局家属院的工程今天便可完工，在大年三十，85%的居民能够正常供水，其余的人饮水则通过临时饮水点解决。"简兴田说，"但我们的施工会一直进行下去，直至居民全部正常供水。"

由于工人大多来自农村，这意味着他们都不能回家过春节。"收入不算高，工作一天只有50元。"来自冯家镇农村的杨高说，"但这是我们的职责，我们乐意这样干！"

2008 年 2 月 13 日，《重庆日报》第一和四版

雪中送炭

在半个世纪不曾遭遇的罕见低温天气里，武陵山片区各级政府及时的救助行动，仿佛是灾民家中升起的炭火，让他们感觉不再寒冷。

闹热团年饭

2月5日，农历腊月二十九，刚刚驱车从黔江城区登上仰头山，雪花便纷纷扬扬地飘下来。从上月中旬开始，这里已下了20多天雪，山坡和树木都被冰雪覆盖。

碾过一路积雪，越野车在路上"扭"起了秧歌。颠簸了半个多小时，下午5点过，才到了黔东街道办事处金桥村。黔江区委常委、宣传部部长任光明等三位区领导下了车，朝二组的安德顺家中走去。

随行的黔东街道办事处主任秦华廷说，仰头山农民主要收入是靠种菜，但20多天的雪，已冻死了山上三个村的6000多亩蔬菜，另外还有1700多亩土豆绝收，损失了700多万元。安德顺的儿子三年前得病去世，家里没壮劳力，一家五口全靠媳妇干活撑起，日子过得很艰难，这次家里的1亩蔬菜和3亩多土豆全部冻死了。

到了安德顺的院子，他正在和两个孙子站在凳子上贴春联。任光明大声对他说道："老安，你受苦了，我们代表区委、区政府看你来了。"安德顺见有客人来，连忙下了凳子，和老伴走上来迎接。任光明等人把5公斤猪肉、一床棉被、一桶菜油和500元红包递到安德顺和他老伴手中。"给你拜年了，希望你在新的一年里像春联上说的那样，迎新春事事如意，贺佳节步步登高。""谢谢了，谢谢了！"安德顺接过礼品说。

院子里，安德顺的两个孙子点燃了鞭炮，噼噼啪啪地炸起来。

不一会儿，安德顺的媳妇上了酒菜，老腊肉、土鸡汤、石磨豆花……摆了满满一桌子。任光明端起一杯"苞谷烧"对安德顺一家说："老安，我敬你们全家一杯，希望你们好好过日子，把孙子抚养成人，在新的一年，组织好生产，弥补损失。"安德顺代表一家人说："那是一定的，街道把蔬菜种子、化肥、地膜都给我们准备好了，雪一化，就可以种下去。"

酒过三巡，安德顺仍在举杯劝酒，任光明说："你们的心意我领了，天黑了下山不方便，我们就先告辞了，改天再来拜望你。"见客人要走，安德顺一家都下了席，把任光明等人送出院子。分手时，安德顺握住任光明手说："没想到，今年遭了灾，这节过得比往年还闹热啊"。

温情返乡路

雪压大地，冰冻交通。铁路告急，航班受阻……

经过全力的抗灾大会战，1月19日以来，从天南海北的雨雪天气中一路"突围"终于回到武隆的农民工惊讶地发现，县劳务、民政、交通部门已在火车站和汽车站设立了农民服务咨询台。

"请问你回哪儿？""这条线路下午才有车，你们先在站上休息一会儿……""晚上封路了，你们在救助站或政府免费提供的旅社歇一晚，明天再走……""这儿有民工务工常识手册，拿上一本今后外出可用呢……"

　　长途奔波的惊恐、烦躁，因张张充满热情的笑脸和句句暖心窝儿的问候烟消云散。终于辗转返乡的农民工眼里饱含热泪———还未跨进自己的家门，家乡政府已用他们不曾想到的方式在惦记着他们、关心着他们！

　　武隆县在火车站设置了可容纳数千人的暖棚。"因为及时有序疏散，在暖棚的人数最多没有超过300人。"该县民政局救济科科长张庶民说。

　　而在彭水苗族土家族自治县，今年返乡的5000多名农民工享受了交警开道并护送回家的特殊待遇。为防止超载和交通事故，彭水数十名交警轮番值守火车站和汽车站，凡有发往乡镇的客运车辆，均由交警车开道，一路护送至乡镇车站甚至农户家门口。一位从江苏回来的小伙子风趣地说："警车开道，这可是大姑娘坐花轿———头一回！"

及时救灾款

　　有钱置办年货，有棉衣御寒，有粮食填肚———历经长途奔波艰难返乡的农民工跨进家门，暖意再次扑来：留守在家中的老人和孩子，已经获得了政府在第一时间送来的各种救灾物资。

　　至2月1日，黔江区发放救灾资金385万元、衣物3万件、棉被2845床。全区干部职工捐助了140多万元和部分衣物、粮油，为4.2万户特困户、五保户、低保户和重灾户解决了温饱。

　　同样，在彭水、武隆等地，各级政府的救灾物资均在灾情发生的第一时间送到了受灾群众家中。

雨雪仍在持续，寒意却已远走。

2008 年 2 月 14 日，《重庆日报》第一和二版

冰消雪融

这个冬天，亲人的概念已被放大；这个冬天，再顽固的坚冰也会融化。

在长达20多天的冰雪低温天气里，武陵山区的广大党员干部挺身而出，给受灾群众带来了光明和温暖。干群之间、警民之间曾经有过的芥蒂，也随着冰雪的消融而烟消云散。

解困八面山

2月1日上午，按照黔江区委的安排，区委常委、城东街道党工委书记吴静到位于八面山上的高涧村慰问特困户和五保户。越野车走到半山腰，吴静突然接到在单位值班的街道办事处主任秦华廷打来的电话："吴常委，赶快到山顶去救人。"

秦华廷说，他刚才接到高涧村农民杨志勇打来的电话，说有两个小南海镇的农民在八面山上冻了一夜，其中一人已经冻僵，现在杨志勇家中；杨先后向110和120打了电话，但因没有越野车可以上八面山，这才向街道办事处求救。

吴静赶紧下了车，让司机到山上去救人，自己则步行去慰问特困户和五保户。杨志勇家在八面山海拔900多米的地方，离吴静下车地点只有5公里，但由于山路被坚冰、积雪覆盖，溜滑难行。司机在越野车车轮上绑上铁链，用了两个半小时才赶到杨志勇家。在杨志勇家的两位农民中有一位已基本恢复体力，而另一位仍昏迷不醒、四肢僵硬。杨志勇和司机赶紧把后者送到越野车后座上平躺，开车下山。车到半山腰，他们又接了已守候在路旁的吴静，赶往区急救中心。

　　在车上，已恢复了体力的农民向吴静讲述了事情的原委：他们从黔江城区回家，但由于道路结冰，客车禁止通行，便在前一天翻越八面山，准备步行回家。没想到在风雪中迷了路，而天又黑了，进退两难，只有在山顶的岩洞中待了一夜。八面山山顶夜晚只有零下几摄氏度，他的同伴因为寒冷诱发了癫痫，神志不清，冻僵了。直到早晨，他才背着同伴到杨志勇家求救。

　　下午3点半，越野车开到了区急救中心，病人很快被送到了急救室。第二天早上，吴静来到医院探望。那位叫管鹏的农民已经苏醒，他对吴静说："我这条命是你们救的！医生说，再晚一小时送来，我这条命就没有了。"

　　管鹏获救的消息很快传遍了八面山。杨志勇在接受采访时说，以前因为山上修路占了地，一些村民对政府有意见，闹别扭。通过这件事，大家觉得党和政府心里还是装着农民的，信得过。

奋战仙女山

　　2月5日，武隆仙女山镇海拔1900多米的仙女村二组气温在零下5℃，20多名电力职工和县里、镇里的干部在山上展开紧张抢修已持续数日。"我们向县里承诺，大年三十不通电，我们就不回家！"电力职工陈明说。

"县政府一名副县长，已经连续三天吃住在山上。镇、村、社的干部都奔忙在一个又一个抢修现场，我们手上的活不能歇下来。"陈明说，很多时候他们忙得接电话的工夫都没有，在吃饭时瞅瞅手机，往往能看见10多个未接来电，或是家人、朋友祝福问候的短消息。

"我们的小家过年事小，而数千农户断电事大！"两耳冻得通红的副县长陈平说，"没办法，今年只有以这种方式迎接春节的到来了。我们一定要在明天修复电力设施，让山上几个乡镇的农民能收看到春节联欢晚会。"

仙女村的农户没有忘记这支在严寒中奉献的抢险队，他们每天自发为干部和职工端来米饭、腊肉、面条，而且坚持不收分文。同时，还有200多名村民自发投入抢修工作，无偿帮助电力职工挖电杆、拉电线。"为了让受灾群众春节前能用上电，他们家都回不了，连县领导也吃住在山上，我们做碗腊肉面条又值个啥嘛！"村民谢安春说。

"这可帮了我们的大忙了，如果是聘请劳动力，挖一天杆洞的工价少说也要五六十元。"一名抢险的同志告诉记者，"我们已安好了三十几根电线杆了。"

仙女山镇纪委书记马寿槐感慨地说，这些年因多种原因，干群关系一度疏远，甚至出现一些矛盾。但自从遇上旱灾、洪灾，特别是今年这场雪灾后，党员干部总是在第一时间出现在受灾群众身边，干群间原有的误会也"冰消雪融"了。

疏通319国道

1月24日早晨7点，黔江交警支队的报警电话响起：黔江至彭水的香山隧道道路结冰，一辆货车翻倒在地，造成近100辆汽车拥堵，国道

319线中断了通行。

在此之前，南海仰头山路段、黔江至酉阳石盒路段、沙湾特大桥路段也因为道路结冰中断通行，黔江交警支队已派出警力前往，现在人手不够，支队只有汇集剩下的全部人手，赶往香山隧道。这时，数百名驾驶员、乘客正焦急地在风雪中等待，个别驾驶人员甚至说，这些交警平时只知道罚款，这时候却找不到人。

由于事故车辆的阻挡，其他车辆无法通过狭窄的结冰路面，赶往现场的交警立刻调集了沙子和铲子，一边铲去路面上厚厚的积雪和冰层，再撒上沙子防滑，一边帮助事故车辆脱离困境。半个小时后，他们的脸上流着雪水和汗水，而冰水和泥浆则浸透了他们的鞋袜。

在场的驾驶员和乘客感动了，纷纷加入抢险队伍中清除冰雪；附近的村民也背来干稻草，垫在路面上。

下午4时，封堵了近10小时的香山隧道路面冰雪终于被清除，国道319线又恢复了畅通。一位与交警并肩作战了几个小时的驾驶人员感叹："关键时候，还是得找警察啊！"

2008年2月15日，《重庆日报》第一和五版

冰冻三尺

没冻死一人，没饿着一人，没因灾害发生一起重特大交通事故——在这场抵御雨雪冰冻灾害的总体战役中，我们获得了这样的战果。

随着气温逐日回升，寒冬的袭击将成为特殊记忆并丰富着人们抵御自然灾害的经验，但抗灾救灾中存在的遗憾，也是我们必须去面对和总结的。

制度保证

一场全民动员的冰雪阻击战，匆忙改写了人们的"春节计划"。但在彭水苗族土家族自治县救灾办救灾科科长吴成毅眼里，面对突如其来的灾害，却没有惊慌失措。

"虽然不曾遭遇过雪灾，但有以前应对灾害的制度和经验作为基础，我们很自然地进入抗灾状态。"吴成毅说，自2003年遭受"非典"袭击以来，2006年遭遇了旱灾，2007年又遭遇了洪灾，彭水已经建立起一套应对突发公共事件的应急机制。

2003年"非典"疫情结束后，彭水很快建立了应对突发公共卫生事件的预案。2005年初，县里从各部门抽调20多人耗时近两个月，就各类突发事件或灾害编制了《突发公共事件总体预案》以及自然灾害、事故灾难、公共卫生、社会安全等4个分预案。同时，20余个职能部门均就其职能职责编制了41个子预案，全县39个乡镇也编制了相应的应急预案。

"虽然灾情不一样，但既定的指挥班子、协调机构、人员队伍不变，经过前几年的磨合已能迅速适应了。如雪灾发生后，水务局恢复供水、电力公司恢复供电……各部门能各司其职。"副县长王永刚介绍了彭水的应急措施。

黔江区救灾办主任向东接受记者采访时认为，在低温冰冻灾害中能够保持社会安定、人心稳定，启示有四：其一，预案体系健全，区里修订完善了各类公共事件的应急预案；其二，该区已成立了自然灾害救灾指挥部，并建立了以行政首长负责制为核心的横向到边、纵向到底的责任体系，灾害一发生，整个救灾系统立马启动；其三，每年年初，黔江区都在财政预算中安排了抗灾救灾专项经费，配套了各类救灾应急物资；其四，救灾及相关部门实行24小时值班制度，让区委、区政府对灾情及救灾进展了如指掌，能够迅速决策。

特殊考验

彭水县一负责人说，抵御冰雪低温灾害天气是一次对各级党委、政府执政能力的特殊考验，能够经受住这场考验，充分体现了各地党委、政府对全局的把握和统筹能力。

事实上，武陵山区各区县能够确保"不冻死一人，不饿死一人，不发生一起重特大交通事故"，一个重要原因是各地党委、政府指挥得力，迅速有力地调动了各部门以及群众力量并形成合力。

比如武隆县，2月4日下午，在当地党委和政府的指挥、调动下，仅在一个小时内，300多名武警官兵和地方民警就迅速集结到位，分乘紧急调集起来的9台40座的中型客车开赴深山抢修电力设施。据县救灾办主任刘玉介绍，政府组织采购的7吨煤油、140件蜡烛也以最快时间分发到灾民手中。

"当然，要有效抗御灾害，还得众志成城。"彭水县一负责人说，抗击灾害是一场聚全县干部群众之力的"人民战争"，彭水在抗灾救灾过程中，自发配合党委、政府救灾工作的群众有3000多人。

暴露"软肋"

半个世纪不曾遭遇的雪灾仍然暴露了我们面对自然灾害时的"软肋"。

早在1月中旬召开的全市水利工作会上，市水利局负责人就告诫：据天气预报，可能会发生冰雪灾害天气，千万要把暴露在户外的供水管道埋到地下。

但是，当雨雪冰冻灾害真的来临之时，一些地方四处爆裂的水管表明，不少人对警示置若罔闻。

中央电视台《新闻调查》2月7日报道说，在雪灾还未到来之时，国家气象部门就发出了今年可能出现雪灾的警告，但遗憾的是，一些

人仍然在乐观地期待"瑞雪"的降临，没有对可能恶化的气候做充分估计。"我们过去做防治旱灾、水灾的预案多，防雪灾的预案几乎没有。"灾区的一些干部也道出了实情。

由于对可能到来的低温冰雪灾害估计不充分，各地棉鞋、棉被等御寒物资，蜡烛、煤油等照明物资以及防滑链等交通应急物资短缺，而且价格上扬。

同样，由于电力设施按冰冻天气20年不遇的标准设计，根本无法经受此次的低温冰冻灾害的袭击。海拔较高的地方，不过手指粗的电线均因结冰变成拳头一样粗的"巨棒"，造成电线断裂、铁塔倒塌的惨状。

"防灾是一码事，救灾是另一码事。"一灾民说，"我们最缺乏也最希望得到的是科学救灾的技术和知识"。

各类自然灾害年年发生，抗灾救灾还得不断进行。如何才能更有效地防灾抗灾救灾，将灾害的损失降到最低程度？2008年雨雪冰冻灾害之后，也许我们会有更多的思考和思路。

2008 年 2 月 16 日，《重庆日报》第一和二版

第六部分 ▶

乌江浪潮

开窗放入大江来

——涪陵市扩大开放风云录

　　滚滚乌江辞别乌蒙山麓，自雄浑苍茫的云贵高原逶迤磅礴而下，似一柄巨型长剑，斩大娄山脉，劈武陵雄峰，挟千溪百河，闯八峡八滩，直扑万里长江。就在乌江与长江千百年来从未间断的撞击和交响中，一座壮丽的城市诞生了——这，就是涪陵。

　　涪陵古称枳。涪者，涪水（即乌江）之渭也；陵者，坟墓也。《华阳国志》载："巴王陵墓多在枳"，固有涪陵之名。

　　涪陵，历史悠久，人文鼎盛，是巴文化的摇篮之一。枳曾为巴国国都，唐以后一直为州治所在地。涪陵自古为川东南商业重镇，长江上游重要港口城市。古诗"人烟繁峡内，风物冠江前""涪陵李渡最繁华，不用词人枉自夸"，是对该地盛况的真实写照。

　　但涪陵人并没有沉湎于历史的辉煌。他们更看重现实，珍惜今朝，他们为当代涪陵的日新月异倍加惊喜，倍加自豪！

　　今非昔比。20世纪90年代的涪陵市，利用三峡工程上马的天赐良机，围绕建设大三峡，共与三峡创辉煌，坚持以开放为主题，以改革为动力，使经济建设、城市开发、社会发展呈现出龙腾虎跃、莺歌燕舞的生动局面。一座现代化的新兴工业城市屹立在长江之畔、乌江之滨。统计表明："八五"期间，全市生产总值269亿元、工农业总产值424亿元，分别相当于"六五"和"七五"总量的1.8倍、1.3倍；全市社会固定资产投资69亿元，比前10年累计还多39亿元；财政收入24亿元，超过前40年总和。

横向比较，势头更猛。1995年，涪陵人均生产总值在全省23个市地州中名列12位，比"八五"期末上升了5位；人均生产总值名列第11位，比"八五"末期上升了6位；工业经济效益综合位次名列全省第一，旅游总收入仅次于成渝两市，居全省第三。

涪陵缘何能迅速崛起，后来居上？涪陵人的回答是两个字——开放。

出路取决于思路，思路取决于思想。开放的前提是放开，是换脑筋，是解放思想、转变观念

涪陵人的体制改革得风气之先。1979年2月，涪陵百货公司被四川省委列入全省100个扩权试点企业之一。1981年，广大农村已全面推行家庭联产承包制。1983年10月，原涪陵地委、行署所在地——涪陵县撤县改市，加速了城市经济体制改革的进程。

坦率地说，涪陵人对开放的反应最初是迟钝的。巍巍武陵山，挡住了山里人的视线；高峡大江，割断了人们与外界的往来。因此，20世纪80年代涪陵的对外开放显得风平浪静。

沿海开放，使中国的海岸线变得光彩夺目；沿边开放，使偏僻的陆疆边贸活跃异常；沿江开放，使以上海为"龙头"、重庆为"龙尾"的长江经济"巨龙"翘首欲飞。进入90年代后，涪陵人再也坐不住了，"如果我们再不奋发图强，扩大开放，主动出击，我们将被机遇所遗忘、被时代所淘汰！"

一场解放思想、转变观念的大讨论在360多万涪陵人中广泛进行。"闭门防盗"与"引狼入室"、"封山打虎"与"放虎归山"、"小富即安"与"知足常忧"的思想观念在激烈交锋、碰撞。涪陵的领导人最后做了"总结"：发展是硬道理，开放是大趋势。开放的前提是观念放开。脑壳不开窍，背时又倒灶；"人头马"（借指头脑）一开，好事自然来。

　　"以开放为主题，以开放促发展"的思想很快变成了涪陵人"两靠""两沿"的战略思路。"两靠"，就是指背靠重庆、紧靠三峡移民；"两沿"，即指沿江、沿路。

　　在实施这一发展战略中。涪陵决策层本着解放思想、实事求是的思想路线，提出了"三个不争论"——姓"资"姓"社"不争论，发展模式不争论，经济"冷热"不争论；以及冲破"四个界限"——冲破所有制界限，冲破行政区域界限，冲破行业隶属界限，冲破产业类别界限。

　　随着三峡工程上马开工，百万移民正式启动，涪陵被进一步推到了开放开发的前沿阵地。1994年8月，国务院批准丰都、武隆两县被列入新成立的长江三峡经济开放区，涪陵市被列为沿江开放城市，实行沿海经济开放区和沿海开放城市政策。

　　涪陵抓住这"百年难相逢，千年等一回"的历史性机遇，明确提出：进一步扩大对外开放，以开放总揽经济工作全局，以开放促改革，以开放促移民，以开放促开发，促进市场经济的发育，确保国民经济持续、快速、健康地发展。

　　有关部门迅速推出了《关于进一步抓住机遇扩大对外开放的若干意见》《关于加快对外开放步伐鼓励外来客商投资的优惠政策的通知》，明文宣称：将凭借地处三峡库区和长江经济开发带的区位优势，沿用比经济特区和沿海开放城市更特殊的三峡经济区优惠政策，为外来客商提供宽松的政策环境，为参与三峡库区移民开发提供投资机会。

一个《意见》、一个《通知》，使涪陵的开放空间进一步拓宽，开放层次进一步深化，开放内容更加丰富，开放气氛更加浓厚。

与此同时，为使改革与开放有机结合，涪陵市大胆决定：市体改委除挂开放办、招商引资办牌子外，还归口管理经协办。统一协调对外开放工作；各区市县也把开放办、经协办设在体改委内，由体改委行使改革开放双重职能。

扩大开放促改革，深化改革促发展——一条创新之路，把涪陵市推上了新高度。

以旅游促开放，以旅游带开发。凭借旅游的窗口效应，活跃招商引资；发挥旅游的龙头作用，启动关联产业的发展

应当说，涪陵市对外开放的大门最早是从旅游业打开的。只不过，开门之初是"犹抱琵琶半遮面"。

1982年11月，驰名中外的"鬼城"——丰都名山被国务院列为第一批重点名胜区。当时，许多丰都人还没有开放的概念，甚至还习惯将旅游称作"参观"。1986年，国务院批准丰都县对外开放，鬼城冥府的"鸡脚神""牛头马面"，"请"来了第一批黄头发、蓝眼睛的外国人。外国人觉得丰都城好看，丰

都人觉得外国人好看。是年，丰都县接待境外游客共354人次。

但从这以后，一浪高过一浪的旅游热潮涌向长江三峡，自然也冲击着丰都这片森严神秘的鬼国神宫。1987年至1990年，丰都名山接待国内游客累计超过百万人次，接待境外游客2万多人。

涪陵人这才恍然大悟：原来，旅游开发开放也能生大财！

1992年，当时的涪陵地区以及所属各县市开始把旅游业定位为对外开放的"先导产业"、地方经济的"支柱产业"、第三产业的"龙头产业"。次年5月，地区又组织召开旅游工作流动现场办公会，地委主要领导做了《解放思想，大胆突破，超常规发展我区旅游业》的重要讲话。行署随后颁发的《关于加速我区旅游业发展的决定》更明确了"以旅游促开放，以旅游促发展"的思路。

市场经济的牵动力、政府行为的推动力、景区景点的吸引力三力合一，成为一股巨大的爆发力，使涪陵旅游业以惊人的速度向前冲刺。

据悉，"八五"期间，全涪陵接待海外游客32万人次，创汇3800万美元；接待国内游客795万人次，直接经营收入3.3亿元，带动第三产业发展创收12亿元。其中尤以去年成果卓著：共接待海内外游客284万人次，旅游直接收入1.8亿元，同比增长113%，实现货币回笼7.8亿元，同比增长212%；在全省旅游业综合指标考核中，涪陵市一跃跻身前三名。

骄人的成绩，崇高的荣誉，涪陵人是受之无愧的。曾在丰都任过副县长的涪陵市旅游局副局长王良才说，涪陵旅游能异军突起，一方面受惠于丰富的自然、人文景观资源，但更重要的一面是上下齐心整体推进。近年来，涪陵市不光重视政策投入，也较注重硬件投入，先后投资近2亿元用于旅游开发。其中较大的项目包括丰都"鬼国神宫"1500万元、金佛山3000万元、松林山庄1000万元、芙蓉洞800万元等。每年仅用于宣传的费用都在300万元左右。

作为对外开放的先导产业，旅游的"窗口效应"是无法否认的。丰都县借"鬼城"神威每年都要搞一届旅游搭台、经贸唱戏的庙会，既提高了丰都的知名度，又促进了招商引资。在今年举办的第九届"鬼城"庙会期间，共有来自东南亚和我国港澳台、云贵川等地的88个经贸团参加贸易、招商洽谈，参会总人数达50万人，经贸成交上千万元，招商引资上亿元。

作为骨干产业、龙头产业，旅游也起到了"一业兴，百业旺"的连带、共振作用。武隆县因偏处深山峡谷，老县城十分狭窄破旧。"好个武隆县，衙门像猪圈，大堂打板子，全城都听见。"民谣尽管是骂旧社会的，但1949年以后很长一段时间当地变化慢也是事实。但自从开发芙蓉江、仙女山旅游后，路桥纵横，新厦林立，游人如织，餐旅兴隆，令世人刮目相看，惊叹不已。

"上门女婿会相亲，外来和尚会念经。"一句俏皮话道出了一条真理。涪陵人的聪明之处，就在于用事实印证了这条真理

沿江开放开发、三峡工程上马、对口支援移民，撤地区改市……涪陵的机遇一个接一个。

"但面对机遇，既要敏于捕捉，更要善于利用。"在窗明几净的会议室里，聂卫国市长讲述了涪陵市如何引"上门女婿"、请"外来和尚"的故事，令我们耳目一新。

"上门女婿"是指浙江、河北等地的对口支援移民的单位；"外来和尚"是指境外客商。

涪陵属三峡库区的"重灾区""困难户"，三峡工程将"吞"掉该市72平方公里土地、319家工厂和1座县城，全市几十年艰难创业苦

心积攒的18亿元工业资产，将有8亿元付诸东流。

为帮助涪陵走出困境，国务院确定浙江省重点支援涪陵市。浙江省响应号召实施"西进"，提出了"突出重点、先易后难、因地制宜、积极推进"的指导思想，制订了对口支援的相关政策，并派出了强大阵容。

对此事，一部分人持求之不得的心态。因为涪陵属"老少边穷"，经济脆弱，浙江可是全国响当当的经济强省。伸出援助之手，当然好。但也有少数人不以为然：远水不救近火，远水不解近渴，恐怕浙江心有余而力不足。

为此，涪陵市的领导人提出了"要依靠，不依赖；求合作，共发展"的思想，以及双方近期支援与长远合作相结合、项目开发与人才培养相结合、重点突破与联动发展相结合、经济增长与移民迁建相结合、对口支援与共同发展相结合的新思路。

第一个上门"相亲"的是著名的杭州娃哈哈集团。涪陵市以礼相待，一改过去"皇帝的女儿不愁嫁"的观念，主动实行"五出让"（出让资源、出让产权、出让土地、出让市场、出让利润），让"漂亮的女儿先出嫁"。

娃哈哈集团"联姻"成功，与涪陵市方面各出资4000万元，组建了娃哈哈涪陵有限责任公司。从去年初起，娃哈哈集团采取移民经费与移民任务总承包的方式，对原涪陵市糖果厂、涪陵市百花潞酒厂、地区罐头食品厂等厂家实行技术改造，开发生产果奶、关帝酒、榨菜系列产品，一举救活了濒临倒闭的企业，安置移民1018人。仅今年上半年，涪陵公司就实现产值5900万元，创税利1187万元。

"一家有女百家求。"浙江金义集团、方园公司相中了涪陵市二轻系统下属的"五梁金花"（造纸厂、制革厂、橡胶厂、锅炉厂、五金厂）等几家淹没、亏损企业，浙涪双方商定各出资4000万元，组建金山联合有限公司，并由公司承包经营，负责销号5家淹没企业和安置千名移民。公司自去年起，凭借浙江的先进技术，利用涪陵的资源优势，先后建起箱包厂、皮件厂、卫生巾厂，当年即实现产值637万，创税利近百万元。

浙江作为经济大省，有其明显的资金优势、技术优势、品牌优势，而涪陵居三峡库区腹心也有其区位优势、资源优势、市场优势。两地通过引资嫁接、杂交组合、优势互补，进而取得了经济上的"优生"效应。

除了招"上门女婿"外，涪陵人还请了一批"外来和尚"。有道是，"远来和尚会念经。"市里规定，凡外商、港澳台及海外侨商，市里将尽最大可能提供宽松的政治环境和投资环境，手续办理一律特事特办，随到随办。

结果，外商纷至沓来，竞相投资。美国爱依斯发电有限公司率先涌入，与半溪煤矿合建四川涪陵爱溪电力有限公司，总投资达2.53亿元，填补了外商在该市能源建设上的空白。香港东南实业有限公司也大举介入，其独资900万元兴建的四川康乐建材公司目前已点火试产，独资1500万元兴建的四川康乐化工有限公司已建成投产，产品已打入国际市场。

据计，涪陵市去年批准兴办"三资"企业8户，总投资4258万美元，注册资金2281万美元，合同外资1672万美元，超额完成全年目标任务的67%。

西部地区的"东出口"，东部地区的"西跳板"，三峡库区的"腹心带"——地利独优使涪陵形成八面来风、四方出击的大开放格局

涪陵大开放战略的确立与实施，一方面是对"天时"的认识与捕捉，另一方面是对"地利"的衡定与把握。

涪陵，居川东南，四川盆地与盆周山区在此过渡，大娄山脉与武陵山脉在此碰头，长江与乌江在此交汇贯通。东连酉秀黔彭、南接贵州遵义、西毗重庆市界、北邻广安万县，特定的区位，使涪陵成为川东、川南、黔北20多个区市县人流、物流、信息流的集散地。

正是基于发挥涪陵"川东出口""乌江门户"的特殊功能，一个"立足涪陵，背靠重庆，紧靠移民，依托两江开发两业，两翼起飞奔小康"的发展思路才最后得以完善、定型。

作为一个沿江开放城市、一个居于三峡库区腹心的地级市，对外开放、向外扩张是经济发展的内在要求；而畅通的交通干线则是经济中心的产业、产品向外扩散的基本前提。

从"八五"开始，涪陵就提出"一年奠基，三年成型，五年摘帽"的交通建设奋斗目标。"依托长江乌江，打通沿岸通道，逐步建成以涪陵城区为中心，长乌两江为主轴，铁路、国道及省市县公路干道为骨架的水陆并举，路港结合，功能齐全，四通八达的运输网络"的构想，经过几年努力已初成现实。

目前，涪陵市拥有主要港口5个，小码头15处，各类泊位约260个，港口货运吞吐量在550万吨以上，货运周转量约占全省的7.6%。客运经营跨市、跨省航线有十几条，加上境内短途航班，日均运输旅客3万多人次，为全省客运航线最多，客船最大，里程最长，水运客运发展最为迅速的地区之一。其中旅游客运更是一枝独秀，现有中型豪华旅

游船11艘、舱位1068个、另有中档旅游船7艘、水翼飞船2艘、气垫船3艘，旅客周转量占全省总量的一半以上。

陆上运输蓬勃发展：万南铁路使全国十五个大地方煤矿之一的南武矿区与川黔铁路连线入网；国道319线涪长段、省道渝巫路垫江段、省道雷石路涪水段硬化改造、油路铺筑相继完成；全长74公里的涪武水泥路，逢山开路，遇水搭桥，实现了"乌江天险重飞渡"；涪陵长江大桥、丰都长江大桥正加紧施工，不久的将来，扬子江上将再现"一桥飞架南北，天堑变通途"的壮丽景观。

伴随水路、铁路、公路交通命脉的畅通，涪陵的经济触角迅速向四面延伸，城市能量不断向八方释放；与此同时；来自五湖四海的资金、技术、人才、信息等生产要素加速向涪陵流动、聚集。涪陵在吐故纳新中发展壮大。

数据最能说明这一点：1995年，全市共签订项目协议达315项，其中千万元以上项目达54项，协议引进资金26亿元，到位资金近6亿，是上年任务完成数的3倍，比1991至1993年三年市外经济协作引进资金总和还多1亿元。今年上半年，涪陵吸纳外资势头不减，共签意向性协作项目150多项，项目和到位资金均超过去年同期。

尤为可喜的是，涪陵充分利用临长江黄金水道、居三峡库区腹心的区位之便，承东接西，呼南应北，把"中转站""二传手"的角色表现得淋漓尽致。

重庆与涪陵一衣带水，水路相距120公里，高速公路建成后仅100公里。作为长江上游的经济中心、西南工业重镇，重庆的产业、商品都需要向周边辐射。涪陵看准机会，积极主动寻求与重庆区域化协作、一体化发展。

尽可能地接纳重庆的辐射，通过吸收、消化形成产业优势，再向重庆市场反射或向川黔湘鄂边区折射，这便是涪陵人的精明之举。如依托重庆而发展起来的汽车、摩托车零部件配套，如今已成为涪陵机械工业的支柱产业，而重庆摩托车配套产品市场有一半已让涪陵。又如垫江啤酒厂，在进退维谷之时加盟重庆啤酒集团，去年实现税利超100万元，产品辐射到川东北、下川东。

涪陵人借江造势，告别了封闭，走出了狭隘。涪陵正以海纳百川的开阔胸襟走向大江，走向未来！

屹立于长江之滨的涪陵客运大楼，是三峡库区现已竣工的规模最大的客运站大楼。它以闻名于世的涪陵水下碑林——白鹤梁为构思造型设计而成，外观像一块块直立的石碑，具有浓烈的水文化特色。三峡成库后此楼将四面临水。八面来风，但并不影响其使用功能。登上70余米高的17层顶楼，推窗凭眺，顿觉大江扑面而来，波澜壮阔，惊涛拍岸。一句"要看银山拍天浪，开窗放入大江来"的壮美古诗陡然跃入脑海。以此意境，借喻涪陵开放潮涌之势，名副其实，恰如其分。

1996 年 10 月 3 日，《重庆日报》

武陵磅礴走泥丸

——黔江地区扶贫开发启示录

"四川有个黔江地区，辖5个县，278万人，是全国有名的贫困地区。然而，时隔5年，这里却以整体脱贫震惊中南海。"

今年8月20日，香港《信报》一篇报道中国扶贫的长文引起了海内外读者的广泛关注。人们争相将惊疑的目光投向中国西南腹地的武陵山区：那里不是全国十几个连片贫困区之一吗？那里10年前不还是处于伐木烧畲、刀耕火种的原始状态吗？四川民间不是流传着"养儿不用教，酉秀黔彭走一遭"的谣谚吗？

人们的怀疑是不无道理的。10年前，中央统战部的铁木尔对川东南的酉阳、秀山、黔江、彭水、石柱5个少数民族自治县进行了一番实地调查。当地的现状令他大吃一惊：年人均工农业总产值仅285.5元，不仅大大低于本省的甘孜、阿坝、凉山三个自治州，也低于邻省自然条件相近的湘西、鄂西两个自治州，是"四川省最贫穷落后的少数民族地区，也是全国最贫穷落后的少数民族地区之一"。1987年，一部《穷山在呼唤》的电视纪录片在北京中南海播映，片中具体展示了川东南5个自治县的贫穷状况：100万农民闹饥荒、吃野菜，4万多人居岩洞、住窝棚。60万人患地方病，105万人饮水困难，5万适龄儿童无法上学，

80%的农民年均纯收入不足150元、粮食不足200公斤。川东南民族地区的凄凉贫寒，令闻者为之动容，见者为之泪下！

弹指一挥间，建区仅8个春秋的黔江地区却发生了翻天覆地的巨变：从1987年到1995年，黔江地区生产总值年均递增12.9%，比全国高4.2个百分点，比8个民族省区高3.7个百分点；工农业总产值年均递增18.6%，比全国高7.5个百分点，比8个民族省区高9个百分点；农民人均收入由150元增至823元，人均占有粮食由不到200公斤增至508公斤；住岩洞窝棚的农民全迁入了新居，农村适龄儿童入学率达96.5%。对比是如此强烈，无怪乎人们难以置信，不可思议。

但，这是事实，千真万确。国务委员、国务院扶贫领导小组组长陈俊生率领国家部委和四川省有关方面70余人，上山下乡，走村串户，口问手写，翻箱倒柜。最后验证确认：黔江的变化是真真切切、实实在在的；并指出，"总结黔江的发展历程和扶贫经验，对全国的扶贫开发工作都具有重要的示范意义和指导作用"。

"老少边山"并不等于"穷"。只要继承发扬"老""少"的优良传统，充分发挥"边""山"的特有优势，就一定能摘"穷"帽脱"穷"衣

黔江在全国的贫困地区中，是个很特殊的地区，可谓"老、少、边、山、穷"集于一身。

老——黔江是革命老区，在第二次土地革命战争中，贺龙率领红军在此建立了苏维埃政权，著名的南腰界革命遗迹至今保存完好；在解放战争中，刘邓大军由此入川，为解放大西南奠定了基础。

少——所辖5县均为土家族、苗族或土家族苗族自治县，共有土家族104万人，苗族39万人，少数民族占地区总人口53%。

边——这里古为"巴之南鄙"，今为蜀之盆周，周边与湘、鄂、黔三省接壤，是陆路距省会成都最远的一个地区，号称"天府好望角"。

山——境内崇山峻岭，千沟万壑，"武陵峰万仞，突兀镇黔江""眼中全县小，脚底乱山降"，是对这一大石山区的真实描写。

穷——5个"穷哥们"（均是国定贫困县）捆在一块，80%的农民生活在贫困线以下，除黔江县外的4个县财政收入人均不到20元，连党政机关干部的工资都发不起。

面对贫穷落后的境况，黔江人曾单纯寄望于外援，坐等扶持，等不到就怨，怨这怨那，怨爹怨妈，一级怨一级，一年怨一年，越怨越消极。

"开发黔江，必先开发黔江人的思想；要立起黔江的经济支柱，必先立起黔江人的精神支柱！"地委书记、行署专员税正宽告知我们，1988年，黔江地区刚一成立，地委和行署的领导班子就形成了"救人先救气，扶贫先扶志"的共识。

地委、行署抓住地区成立这一历史性机遇，在古老的武陵山区掀起了一场振奋精神、振兴黔江的思想解放运动。破除"等、靠、怨"，确立"逼、学、干"；摒弃"怕这怕那不怕穷，争这争那不争干"的思想，响亮提出"宁可苦干，决不苦熬"的口号，进而树立起了"艰苦创业，团结奋进"的黔江精神。

一场"精神战",打出了士气,打开了局面。尽管省里只给了地区机关400人编制、500万元开办费,尽管所有机关干部都寄居在民宅、工棚、地下室,尽管领导、职员们每天步行去上班、一日三餐吃"地摊",但大家无怨无悔,一门心思求进取、谋发展、做奉献。

"精神战"后是"观念战"。1990年,一场"重新认识黔江"的解放思想转变观念大讨论在全区5县300乡(镇)展开。大讨论的显著成果是,在观念上打破了"老、少、边、山"等于"穷"这一经济模式。黔江人来了个"换脑筋"新思维:只要继承发扬"老""少"优良传统,充分发挥"边""山"的特有优势,通过改革开放,艰苦创业,就一定能摘"穷"帽、脱"穷"衣。

观念的力量是无形的,精神的力量是无穷的。同样是那些山,同样是那些关,但黔江人却有了不同的感受、不同的认识。过去是穷山恶水,如今是绿水青山;过去是"猿猱欲度愁攀援",如今是"终日看山不厌山";过去是雄关险道真如铁,"而今迈步从头越"。

观念上的超越,使黔江人的认识境界发生了飞跃:贫穷不是翻不过的大山,温饱线不是跨不过的难关!

脱贫之道在苦干、实干、巧干;拔除穷根须先拔病根、愚根;要治穷、治病、治愚三位一体,输血、补血、造血三管齐下

黔江的贫困面积是惊人的:5个县均为国家"八七"扶贫攻坚计划所列重点扶持贫困县;1987年。全地区有195万户建卡贫困户,占总人口的82%。

黔江的贫困深度也是惊人的:"有女莫嫁鹿箐盖,苞谷壳子当铺盖,脚杆烤起火斑子,一年四季吃酸菜。"这首歌谣反映了彭水一带农

民食不果腹、衣不蔽体的实况。

黔江的贫困复杂程度更是惊人：许多地方是饥寒交迫，贫病交加，贫愚交织。全地区地氟病危害程度为全国罕见，分布于4县856个村；丝虫病遍及土家苗寨，为全省丝虫重病区；全区疟疾猖獗，另有42万人受碘缺乏病危害。据统计，全地区受各种地方病不同程度危害威胁人口达200余万人。由于相当一部分人病魔缠身，丧失了体力、智力，因病致穷、因病返穷的家庭占贫困户总数的23%。

辨症施治，对症下药。地委、行署果断确立了"治穷、治病、治愚"三位一体，"输血、补血、造血"三管齐下的指导思想，明确提出"要想拔穷根就必须先拔病根"的工作方针。

从1987年起，地委、行署相继领导黔江、彭水、秀山、石柱四县广泛发动群众，大规模开展改良炉灶，全面防治地氟病。各地把防治地氟病与扶贫开发紧密结合，在地氟病区全面推广白色工程（地膜玉米），提前了农作物收割季节，延长了阳光晒粮时间，从而结束了自古以来用高氟煤烘烤粮食造成氟污染的历史。

几年来，全地区出动专业防治人员10余万人次，投入防治专款2000多万元，治病扶贫取得了辉煌战绩。目前，黔江地区地氟病已得到有效控制，并成为全省第一个消灭丝虫病、第二个基本消灭疟疾病的地区。彭水县的小厂乡，地处海拔1200米至1600米的高寒山区，一度因"贫病交加的特重病区"闻名全国。

宁愿苦干，不愿苦熬
↓

1985年，新华社《内参选编》记载了该乡的贫困状况：全乡6300人中，70%的农户欠贷款，50%的人无棉衣棉絮，30%的农户住岩洞窝棚，90%的人患地氟病，10%的人长期瘫痪在床。

人们怎么也没想到，十年扶贫开发使小厂乡这个病入膏肓的"老病号"枯木逢春，元气焕发。

今年5月9日，省委书记谢世杰冒雨考察小厂乡。乡党委书记罗光权笑逐颜开地做汇报：该乡坚持"治穷与治病"相结合的方针，走"地膜玉米饱肚，发展烤烟致富"的开发式扶贫之路，十年迈了三大步，一是基本解决了群众温饱，钱粮人均双超千；二是防氟治病成果显著，全乡1412户全换了"灶王爷"。用上新式防氟炉，未出现新一代氟斑牙病和新的瘫痪病人；三是社会事业全面进步，适龄儿童入学率达95%，文盲基本消除。谢书记听了连连点头："好！这是党的扶贫政策的胜利，是对小厂人苦干实干的回报。"

由于病害深重，在黔江，病成了贫困的根源，贫是病的表现，贫病交加，互为因果，互为转换，恶性循环。"要拔穷根须先拔病根"的路子无疑是正确的。但黔江人心头明白：贫病交加的深层原因在于文化素质低下、科学知识贫乏。于是乎，黔江人在搞救济"输血"、养病"补血"的同时，把治愚"造血"放在了更重要的位置，"治穷治病先治愚"的口号更加响亮。

科技扶贫、科教兴农成了黔江人解决温饱、脱贫奔富的突破口。全区建立健全了技术网络，乡乡办起"庄稼医院"，层层兴办科技示范片，常年技术培训达七八十万人次。全区还广泛改革耕作制度和种植方法，采取"抗不赢就躲""小春抓多，大春抓早"的战略战术，趋利而避害，一巧胜百力。

如今，黔江人沿袭古制的刀耕火种生产方式已被现代先进技术所淘汰。彭水的"八万亩水稻旱育秧"丰收计划推行，石柱"访农帮技富民"工程启动，黔江科技兴县"十亿工程"首战告捷，酉阳"科技示范长廊"初具规模，秀山农科教三结合声势浩大。

短短8年，黔江人跨越了先辈们千百年来都未曾跨越的粗放耕作阶段。全区良种普及率达90%，水稻、玉米规范栽培分别达90%、80%左右。种植业经济增长中科技含量已占53.3%，这意味着当地农业科技水平赶上了全省平均水平。

科技兴农使黔江粮食总量由1987年的76万吨增至1995年的141万吨；全区人均占有粮食由全省倒数第二位变为顺数第二位；全区实现了"五子登科"——5县全部越过了省定温饱线。

变潜在优势为现实优势，变自然优势为经济优势，变产品优势为商品优势，在产业化、规模化、市场化中积蓄致富能量

从1989年起，黔江地区就确立了"苦战三年解决温饱，续战四年摆脱贫困，再战五年奔小康"的"三四五"扶贫开发计划。经过几年苦干实干，温饱算是基本过了关。"高山大盖石旮旯，红苕洋芋苞谷粑，要想吃碗大米饭，除非坐月生娃娃"的民谣变成了"忆苦"的史料。

但，肚子问题解决了毕竟不等于彻底脱贫，致富奔小康显然还有一段艰辛的历程。地委书记税正宽的看法代表了领导层的基本观点："要实现致富奔小康的第二步奋斗目标，就必须从小富即安的生存型圈子中跳出来，在诸多开发项目中寻求适合自己优势的强项，大胆调整产业结构，加快支柱产业建设，在产业化、规模化、市场化中创收增收，积累实力。"

黔江地大物博，资源丰富：宜牧草场和林牧兼用地近600万亩，万亩以上草原有四十几处；有珍稀植物和中药材1500余种，野生动物近

300种；农副土特产品油桐、油茶、烤烟、桠子驰名九州；矿产资源达30多种，锰、汞等储量居全省甚至全国前列。

但富有并不等于拥有。千百年来黔江人不是一直厮守在这块宝贝土地上吗，为啥还长期受穷挨饿？在商品生产和交换中觉醒起来的黔江人渐渐明白了：原来，关键的关键，是没有把潜在的资源优势转化为现实的经济优势，没有把产品优势转化为商品优势。典型的"抱着米坛子讨口"！

从这以后，黔江人开始向多种经营，二、三产业的广度和深度进军。一头向种养业延伸，建立农业商品基地，增加农民现金收入；一头向加工业延伸，发展以农产品、矿产品为原料的骨干工业，增加地方财政收入，逐步形成以农业商品基地为基础、以农产品加工业和矿产品开发为龙头的支柱产业。

几年开拓，参天大树初长成：烟草、畜牧、蚕茧、林果、矿产建材等五大支柱产业已初具规模。

在五大支柱中，烟草是"龙头老大"。全区有20万"烟户"100万"烟民"，种植烤烟60万亩。去年，烤烟总产70多万担，占全省45%以上，烟农户平收入1470元；预计今年收烟可达150万担，全区烟农收入将达7亿元，税收达3亿元以上。卷烟工业同步发展，去年产值12亿元，提供税收2.17亿元。诚如陈俊生所言："烟对黔江来说，就像贾宝玉身上的'通灵宝玉'，就像孙悟空手中的金箍棒，既离不开，也丢不了，而且法力无穷。"

与此同时，全区14万农户在"春蚕吐丝"，养蚕户占总农户的20%；"南鹅北兔中牛羊"的畜牧业发展格局基本形成，石柱县年养长毛兔200多万只，成为全国最大的长毛兔饲养基地；秀山利用锰资源"发锰财"，靠开发锰资源"猛发财"；林业及其加工业正在成为重要的后继支柱产业。仅去年，全区农民从烟、桑、畜、林商品销售中就获近8亿元，人均增收317元。

　　有钱英雄汉，无钱英雄难，穷怕了的黔江人深知钱的分量。但以"养牛为耕田，养猪为过年，小打小闹找盐巴钱"为特征的小农经济不可能使农民走向富裕。只有通过优势转化，形成支柱或主导产业，走规模化、市场化之路，农民才可能大面积致富奔小康。黔江现象正说明了这一点。

穷则变，变则通，通则达。山穷水尽之时，黔江人脑筋急转弯：畅交通，促灵通，活流通，显神通，一通多通，四通八达

　　万山嶙峋，千壑纵横，百关雄峙，这就是黔江的基本轮廓。关山阻隔，路途崎岖，极大地限制了山里人的交往自由，中断了正常的商品交换与信息交流。改革开放叩击着黔江的大门，外面的世界在召唤着山民。地委、行署认为，要摆脱"山重水复疑无路"的窘境，必须打破地理环境的封闭状态和交通滞后的"瓶颈"制约。

　　从1993年起，黔江地区开展了轰轰烈烈的造路运动。当地人用愚公移山的精神、蚂蚁啃骨头的方法，凿壁穿洞、劈崖开道，硬是在"撑岩挂谷蝮蛇愁，入箐攀天猿掉头"的高山深峡中创造出了人间奇迹。几年工夫，全区新修县乡公路近千公里，改造扩建国道500公里，其中仅铺设水泥路和油路就达300公里。

　　我们在黔江采访期间，每到一个县都目睹建桥筑路战犹酣的火爆场面。彭武

路、石西路、黔咸路、319国道彭秀段等，一条条宽阔平坦的水泥路正迅速延长。"条条道路通黔江，黔江大路通四方"，正成为武陵山区的当代写实。

在大抓地面公路的同时，黔江人也加紧了"信息公路"的建设。过去，黔江地区通信落后，信息不灵，"电话没有走路快，电报要用车来载"；地区通知开会，往往要到湖北咸丰去挂电话、发电报。经几年苦战，5个自治县先后开通了程控电话，其中黔江县所有乡镇实现了电话程控化；黔江、彭水进入了汉渝光缆网，酉阳、秀山二级光缆已铺设完毕，石柱已做完基础工作；地区所在地已建成900兆移动电话、129自动寻呼系统，并与全国联网，长途通信能力扩大了10倍。

通信状况的改善，使黔江与大城市、大市场的距离越来越近；世界在变小，黔江的眼光在放远，黔江的耳朵变得更灵通！

相传，酉阳县的大酉洞正是当年陶渊明笔下的桃花源。千百年来，绵绵武陵山把酉秀黔彭的土家族、苗族人封闭在一个与世隔绝的"桃花源"里。加之山里套山，又把这些土著的民族群体分割成千万个自给自足的小农经济单元。这种典型的山地经济形态，长期以来使黔江人与市场绝缘："喜渔猎，不事商贾"。直到建地区前，当地人都还耻于经商，即便做点小买卖，往往也是瓜果估堆堆，鸡蛋卖串串。

交通和通信的改善，使商品交换变得更加容易和频繁。民族贸易、边区贸易、城乡贸易日益活跃。借风吹火，费力不多。地委、行署趁势提出大办市场，搞活流通，繁荣经济。

石柱县黄水区，素称"黄连之乡"，是地区乃至四川的黄连主产区。以往以街为市，人车混杂，一遇赶场天挤得水泄不通。后来，政府投资近20万元，先后修建了一个室内市场和一个封闭式市场，摊位上千个，吸引了两湖、两广等的省市客商来此批量采购，成为全国最大的黄连集散地。

像这样的专业市场，黔江建区以来，新扩建的就有29个，加上其他种类的市场共70个，总建筑面积达13万平方米，比建区前的市场面积总和增长了5倍。

　　畅交通，促灵通，活流通，为黔江传统的山地经济向商品经济、市场经济转变、对接开辟了广阔的空间。地委、行署又适时引导，鼓励山里人投身商品经济生产，在商品、市场经济的海洋里八仙过海，各显神通。

　　于是，在黔江县金溪区市场上，活跃着一支由400多名农民组成的水果贩运队伍；在石柱县新乐乡，40多户农民兴办起了经营农副产品、服装百货的家庭交易市场；酉阳县钟多镇苍堡村五十几位农妇破除"只有男州，没有女县"的传统禁锢，靠绿豆粉加工销售走南闯北，使苍堡村成为远近闻名的"绿豆粉村"……

　　"会当凌绝顶，一览众山小"。走出大山、走出封闭的黔江人如今有了大海一样辽阔的视野和胸襟。黔江正阔步迈向新的世纪！

1996 年 10 月 7 日，《重庆日报》

来自川东南的呼唤

乌江，绿水青山，风光秀丽，山光水色如诗如画。

乌江，穷山恶水，土地贫瘠，贫困缠绕峡江儿女。

贫困在呼唤，震荡着乌江的山山水水；乌江人在期盼：2000年脱贫致富，实现小康。

涪陵市、黔江地区地处乌江下游的川东南，是全国18个连片贫困地区之一。

在涪陵、黔江的11个区（市）县中，有6个是国定贫困县，即石柱县、酉阳县、黔江县、彭水县、秀山县、武隆县。有4个是省定贫困区县，即涪陵市的枳城区、李渡区、南川市、丰都县。而黔江地区的5个县都是国家级贫困县，80%以上的农民是贫困人口，这在全国都是独一无二的。

四川省有一组关于万涪黔的统计数据：到1995年底，该地区的481.37万人口中，还有316.42万是贫困人口。其中涪陵市49万人，黔江地区139万人，大大高出全国贫困人口的比例。

这些贫困区县的贫困人口大都分布在深山区、高山区、石山区，数十个乡不通公路，110万人没有解决饮水问题，有5万农村贫困户没有解决住房问题。

川东南地区的农村究竟有多贫困？

这次实地调研，不仅耳闻，还目睹了一些贫困的现状。黔江地区至今还有4万人睡岩洞、住窝棚，过着食不果腹、衣不蔽体的生活，每年有100万人闹春荒。在彭水县平安乡新场村三组邓文奎家，我们见到，外面下大雨，屋内下小雨的破房里，空空如也，一床烂棉絮在一张破床上裹成一团，四壁透风的墙上用烂麻袋遮风挡雨……

贫困，像噩梦一样缠绕着山里人！

山地，是贫困的第一个原因。山是贫穷的山，地是贫瘠的地，川东南地区贫困的根源是武陵山区、大娄山区恶劣的自然环境。

黔江地区的5个县都是高山区。从自然风光来看，这里是群山起伏，溪河纵横，溶洞密布，树茂花繁。在大山的怀抱里，平坝与高山媲美，峡谷与江河竞秀，河水如琉璃般碧，坝子如锦似缎。武陵山之奇，小南海之秀，大酉洞之清幽，三十七洞天之神秘，酉河水之妩媚，男女石柱之俊俏，都叫人流连忘返。

然而，自然风光可以令人心旷神怡，但终究不能饱肚子，这里的山地占总面积的76.2%，海拔最高的1938米，是典型的喀斯特地貌。国务委员陈俊生在考察黔江地区的贫困时说："山外高山还是山，只见石头不见天。"

由于山多，这里的耕地零碎，坡度大，气温一般在25℃左右。坡陡地瘠，再加上气温低，粮食产量不

高，解决温饱就有相当大的难度。

黔江地区如此，涪陵的贫困县也同样是山高坡陡。紧挨黔江的涪陵市武隆县，也在大山的怀抱里，苞谷是山民们的主粮，"早晨吃的横起啃，下午吃的黄腊饼，要想吃个改色样，地里取根苞谷埂。"这在山民中流传的民谣，就是最形象的说明。

交通不便形成长期的封闭落后，是川东南地区贫困的第二个原因。山里有的乡镇干部下村，一去就是好几天，因为村子隔乡政府太远，全是大山，来回全靠爬山涉水。清代诗人陈朝文在写黔江西阳时有一首诗中写道："酉阳才是真桃源，桃花源记非寓言。"这两句诗说明峡江历史上确实是非常封闭的。

川东南地区由于其交通、通信的前期落后，加上历史上的原因，其封闭意识是相当重的。前些年，当乌江沿线还未开发出来时，山民们卖水果、土特产是估堆，卖鸡蛋是讲篓，商品经济意识几乎为零。

近年来，随着旅游业的发展，山区的开发，商品经济和市场经济意识开始在山里人的脑中形成，但与发达地区相比，其差距还是很大的。

川东南地区资源丰富，开发潜力很大。但由于诸多原因，目前这些本可以让武陵山人致富的资源，不是未被开发，就是处于原始的开发阶段，附加值不高。在让武陵山人摆脱贫困的过程中，资源的作用还没有很好地发挥出来。

交通困难，是川东南地区封闭的客观现实。特别是黔江地区，主要通道的公路极差，至今还有10个乡不通公路，已有公路的地方其路况也是相当差的。国务院调查组到黔江调查时说了一句话："汽车跳黔江到，又轮蹲（伦敦）又扭腰（纽约）。"非常形象地说明了乌江地区的交通状况。

通信落后，信息不灵，使武陵山区与外界的联系少，加剧了封闭的程度。在川东南地区，目前还有相当部分的乡镇是使用的"摇把子"电话，就是已通程控的县城，其通信质量也较差。前两年，黔江地区有时因急事要向省里联系，得跑到湖北省的利川市去打电话。

封闭落后从客观上制约了川东南地区的经济发展，加剧了这一地区贫困的程度，增加了脱贫致富的难度。

生产手段落后，传统型的生产经营方式导致生产力不高，资源利用率、投入产出率低，是川东南地区贫困的第三个原因。

在川东南地区，不少地方还处于传统农业的阶段，生产手段相当落后，有些地方还处于广种薄收的状况。

农业生产先进技术的推广运用比先进地区差。重庆地区的再生稻、旱地改制、旱育秧、杂糯间栽等先进的增产技术，在贫困的武陵山区还几乎是空白。近几年，科技虽然在黔江脱贫中发挥出了重要的作用，但由于诸多原因，其与重庆地区相比，还有几年、十几年的差距。

农业生产条件差，中低产田多，从一定程度上制约了农业生产的发展。近几年来，黔江地区虽然花大力气在改造中低产田、改造农业生产条件上下了大功夫，但人均高产农田也只有0.37亩，有效灌面人均只有0.22亩。农业基础设施薄弱，难以抗拒峡江地区十年九旱的自然灾害，在很大程度上还处在靠天吃饭的境地。

生产手段落后，农业基础条件差，导致粮食产量不高。黔江地区的平均亩产还未达到500公斤，与重庆地区的差距在100公斤左右。

市场发育差，农产品商品率低，导致贫困地区农民增收的门路少，收入明显偏低。

由于交通、信息、运输等诸多原因的影响，在贫困地区，农民难以按照市场的需求种植，有的种出了外地市场需要的产品，也因运输、信息等制约，造成商品率低或效益不高。

疾病缠绕，使部分贫困地区的农民处于贫病交加之中，这是导致川东南地区贫困的第四个原因。

山区高寒，长期烤火，加上卫生条件和卫生习惯差，在黔江地区有一种地方病——地氟病。1987年，彭水县小厂乡因地氟病而贫病交加，名扬全国。世界上都是这样，疾病和贫困是一对孪生姐妹，因病致穷，因穷病多，恶性循环。

农民的文化、科技素质较低，导致愚昧、落后、贫困，难以发挥自己的聪明才智，难以通过与自然条件抗争走出贫困境地，这是川东南地区贫困的第五个原因。

贫困山区受其自然条件和教育设施的制约，农民受教育的程度普遍比外面发达地区低，造成科学、文化素质较低。而科学文化素质低又导致市场经济意识、掌握先进的科学技术、利用科技发展生产差等，形成一种恶性循环，生产力发展缓慢。

有一份调查材料可以说明问题，通过对1000户农民家庭的抽样调查印证：中专以上文化程度的农户，比小学以下文化程度的农户人均年纯收入高出11.1个百分点，初中以上文化程度的农户在粮食、蔬菜、生猪、禽蛋、水果五类品种的商品率，比初中以下文化程度的农户高18.4%，其为社会提供的商品量分别比初中以下文化农户高8.3%、52.8%、18.3%、20%和5.9%。

城镇化、工业化水平低，第二、第三产业比重小，没有形成明显的支柱产业，因而，在大的环境中没有带动农村经济快速发展的拉动力。这是川东南地区贫困的第六个原因。

在贫困地区，基本上都是以第一产业为主，第二、第三产业起步晚，发展慢。在不少贫困乡村，乡镇企业几乎还为零，第三产业也少得可怜。有的县第二、第三产业的比重只有40%左右，与重庆近郊区县相比，相差一半以上。在贫困县乡，多数都还没有自己的支柱产业。

第二、第三产业不发达，缺乏支柱产业，使农民缺乏稳定的经济收入来源，难以找到更多的就业和致富门路，贫困地区的整体经济和社会发展也较缓慢。

"宁愿苦干，不愿苦熬。"在黔江地区，从政府到贫困农民，都喊出了这句口号。

国务委员陈俊生在考察印证了黔江地区8年苦干的事实后肯定："黔江地区在全国的典型意义就在于黔江能做到的，在全国其他与黔江相类似的地区，甚至自然、社会、经济、区位条件好于黔江的地区，还没有做到，这给人以启迪，令人深思。"

苦干，在乌江的贫困山区动摇了穷根。

要致富，先修路。走武隆，涉乌江，踏武陵，无处不见劈山开路的苦干场面。大山深处千沟万壑，岭高沟深，如今，在这崇山峻岭中，一条条宽敞的水泥公路也在向前延伸。

武隆，是涪陵市的一个国贫县。沿乌江而上，90多公里的水泥公路，把天险变成了通途。就是这条水泥路，使武隆的芙蓉洞、仙女山草原、芙蓉江漂流，成了旅游的热线，是农民快速脱贫的希望。

在黔江，"黔江精神"在修路中体现得最充分，从彭水到黔江，在沿郁江边的悬崖上劈出了一条上等级的水泥公路，这是改造后的国道319线。在这条道上，有隧道28座，总长10公里，桥梁85座，总长5公里。为修筑这条路，除了有民工的献身外，连副县长、交通局长也把生命献给了这黔江人脱贫的希望路。

从石柱县城到长江边的西沱镇，需87公里的出山主干道。石柱人用了70天时间，创下了新建段23公里的104个涵洞、9座桥梁，挖填土79.4万立方米，砌挡土墙13.3万立方米的奇迹。

8年来，黔江人靠苦干，新修了公路1342公里，改造公路340公里，铺设水泥路、油路300多公里，新修乡村公路2900公里，使通公路的乡占96.4%、村占60.9%。

苦干，还体现在与天斗、与地斗，用汗水和双手换来温饱和富裕。

酉阳县细沙乡汪家村的田维春和张桂花夫妇，都是60多岁的老人了。他们从壮年时期就开始改地，16年不辍，用自己的双手，改造出15亩稳产地，砌了95条堡坎，共4750米长。

石柱县六塘乡黄腊村有座冠子山，全是坡度在25度以上的石骨子山地。村民们用了7年时间，靠钢钎、大锤和炸药，把近千亩石骨子坡地改造成了平整的梯土，使粮食产量提高了一倍。国务委员陈俊生看了这一片梯土后感动地说："没有苦干的精神，就没有这一片片梯土。"

黔江人凭着这股苦干精神，把一座座石行山变成了一片片平整的梯土；把成片的"放不干"下湿田改造成了"三保"（保水、保土、保肥）田，在大山里凿出了一条条水渠，在濠沟里挖出了一道道排水沟。10年中，黔江地区累计改造中低产田土88.7万亩。

巧干，使贫困地区的粮食产量开始倍增，在解决温饱中发挥了关键性的作用。

峡江地区的贫困县属高寒地区，自然灾害频繁。峡江人在与自然灾害的抗争中摸索出了"抗不赢就躲"的趋利避害措施，叫作"一多二早"。

"多"，就是根据小春季节灾害相对较少和空闲田土多的实际情况，多种小麦。黔江地区的小春粮食种植面积从1987年的12万亩扩大到221万亩，实现了连续8年大增产，由1987年的1.54亿公斤增加到

1995年的4.26亿公斤，增长1.76倍，人均小春粮食由64公斤增加到170公斤。

"早"，就是针对大春季节危害最大的春寒、伏旱、秋冷三大灾害，狠抓一个"早"字，以躲过灾害。其办法就是全面推广水稻、玉米、红薯保温育苗，高寒山区推广玉米地膜覆盖，适当提早播种季节，增加有效积温，缩短作物生长周期，对抗御春寒、躲过伏旱、秋冷起到了重要作用。

这"一多二早"的巧干，使峡江地区的贫困县粮食稳定增产，从解决温饱中走出了一条好路子。1990年，整个峡江地区都遭受了历史上罕见的特大伏旱，但由于抓住了一个"早"字，大春粮食仍持续增产。仅黔江地区就增产7.5%，其中水稻增产11%，玉米增产32%。

巧干还体现在依靠科技，改革耕作制度，一熟变两熟，两熟变三熟。黔江地区改革耕作制度后，农作物播种面积由1987年的561万亩扩大到1995年的751万亩。先进的科学种植技术的全面推广使粮食的产量不断提高，按播种面积计算，粮食亩产由1987年的171公斤增加到1995年的243公斤，增长40%。

国家的扶持、社会的帮助加快了峡江地区脱贫的步伐。

对峡江地区的贫困，中央和四川省从政策上、资金上实行了重点倾斜扶持。近10年来，仅黔江地区就获得了中央的各类扶贫资金6.8亿元，其中以工代赈资金3.4亿元，扶贫专项贴息贷款近2亿元。与中央扶贫资金相配套，四川省还累计安排了2亿多元专项资金。国家和省的重点倾斜和扶持，在解决峡江地区贫困农民温饱中发挥了重要作用。

在帮助乌江地区摆脱贫困中，国家的一些部委倾注了很大的物力和财力。农业部、水利部、林业部、国家计委、国家经贸委、财政部、国家教委等都派出干部，倾斜项目、资金，帮助峡江地区发展经济，摆脱贫困。

农业部把乌江地区列入武陵山区扶贫范围，5位部级领导先后到黔江地区调查研究，解决扶贫中的一些具体困难，连续7年派出由领导带队的扶贫组到黔江地区挂职扶贫，在项目、资金、物资上给予大力支持。中国农科院连续6年派出专家住在峡江地区，帮助贫困山区实施"粮油丰收计划"。

　　从1986年起，水利部主动承担起了帮助江峡地区涪陵的"扶贫帮困任务"，历届部长们是一届接着一届干。钱正英部长早在1986年就提出了电力扶贫思路；杨振怀部长非常关心江峡地区的干旱缺水问题；钮茂生部长1993年上任后第一次外出考察就是到江峡地区与当地领导共商群众脱贫大计。10余年来，几届正副部长和部扶贫办领导及30余名司局长、专家多次深入到江峡贫困山区调查研究，帮助解决扶贫中的具体问题。从1991年起，水利部先后派出了六届扶贫工作组，40多位干部到涪陵开展定点扶贫，做出了显著的成绩。

　　10年来，水利部累计向涪陵、万县两市投入各类开发资金10.69亿元，修建了一批富民兴县的开发项目，支援兴建了11.42万处人畜饮水工程，解决了上百万人的饮水困难。支援兴建了涪陵市龙桥电站、石板水电站等13个电站，总装机28.1万千瓦，此外还支援兴建了一批骨干水利工程。水利部还投入数百万元开展科技扶贫，引进并推广先进技术，修建希望学校，下拨扶贫助学金，派教师到贫困地区支教等。

　　10年的扶贫，加快了涪陵市脱贫的步伐。10年来，仅涪陵市的贫困人口就由200.53万人减少到33.9万人，有160万人越过了温饱线。

　　目前在涪黔地区的200万贫困人口是扶贫攻坚的硬骨头，要帮助其脱贫，需要比以前花更大的力气，投入更多的资金和人力。

　　按照《国家八七扶贫攻坚计划》，要在本世纪内全面解决贫困问题，这不仅是涪黔地区200万贫困人口的呼唤，也是武陵山区经济发展、峡江地区实现小康目标的需要。

如何完成200万贫困人口的扶贫攻坚任务？

坚持开发性扶贫的方针，在中央和各界的支持下，广泛动员全社会力量，依靠贫困地区干部群众的自力更生、艰苦奋斗精神，以贫困乡、贫困村为主战略，以贫困户为扶持对象，加强基础设施建设和农村基层组织建设，实行科教扶贫，重点发展种植业、养殖业和农副产品加工业，走种养加、贸工农一体的产业化经营和区域开发，受益到户之路，促进贫困地区经济持续发展，从根本上改变贫穷落后面貌。

↑ 武陵山区有的医疗方式十分原始

依靠贫困地区干部群众的自身努力，自力更生、艰苦奋斗、扎实苦干、不等不靠，这是能够尽快脱贫的关键。贫困地区自然条件差，生产和生活条件基础薄弱，要脱贫，首要的就是改变生产条件。而改变生产和生活条件，最主要的还是贫困地区广大干部和群众的苦干实干。贫困地区资源丰富，把这些资源优势变成经济优势，除了资金、技术、市场的扶持外，最终落脚点还是在贫困地区干部群众自身的努力和苦干加巧干。

加大对贫困地区的投入，增强贫困地区的造血功能，激活贫困地区内在的活力，能够加快脱贫的步伐。

资金投入，这是一项主要的投入。国家对扶贫的投入资金、以工代赈资金、财政发展资金、扶贫专项贷款等，应保证用到解决贫困户的温饱问题上。应多渠道筹集资金，加快贫困地区的交通、通信、能源等基础设施建设，创造经济发展的硬环境。

随着三峡工程和库区开发性移民的进行，国家对库区的项目、资金上也有大的倾斜，抓住项目的投入机会，加快库区经济的发展，这也是一项非常重要的投入。

加大教育科技的投入，提高贫困地区劳动者的素质，这是从根本上消除贫困的需要。目前未稳定解决温饱问题的贫困人口，除了所处地区的条件极差外，劳动者素质差也是一个重要的因素。因此，加大教育科技的投入，提高贫困地区人民的市场经济意识、科学文化程度，全面提高其适应市场经济发展的素质，是扶贫攻坚的一项基础工程。

依靠科技进步，加大扶贫攻坚的力度。从多年的扶贫脱贫经验以及武陵山区的自然条件和资源状况来看，科技是解决温饱，摆脱贫困，走上富裕之路的开山斧。因此，贫困地区应广泛地推广应用先进的科学技术，培养自己的科技人才，建立健全科技推广和人才网络。要采取走出去、请进来等多种办法，引进科技人才和适用的科技成果，组织科技力量到贫困地区帮助推广先进的科学技术和科技成果，实行科技扶贫。

发挥资源优势，面向市场，发展支柱产业，带动贫困地区经济的发展，促进脱贫。脱贫的落脚点在发展经济，而经济的发展需要有支柱产业的支撑。因此，依靠资源优势，面向市场发展支柱产业，应是贫困地区经济发展的一个突破口。

川东南地区虽然山高坡陡，但农业资源、矿产资源、水资源等丰富。随着库区经济的发展，其面向的市场也相当广阔。因此，利用资源优势，发展草食牲畜、优质水果、烤烟等农业支柱产业，是带动广大贫困户脱贫、让贫困户受益的开发性扶贫的好路子。利用矿产等资源，合理地开发，发展乡镇企业，不仅可为贫困户解决就业门路，而且可为地方财政增加财源。

动员全社会的力量，开展对口扶贫工作，可以加快川东南贫困地区脱贫的步伐。

党中央、国家各部委，以及重庆市对武陵地区的贫困问题都非常关心，除了在政策、资金、项目上给予扶持外，国家还动员各部委，甚至全国不少省市扶持峡江地区，重庆市也动员市级各部门、单位，以及近郊区县对口扶持峡江地区的贫困区县，不脱贫不脱钩。

全国对口支援三峡移民工程和库区经济发展，在很大程度上也是在支持峡江地区的脱贫，开发性移民和开发性扶贫有很多共通之外，都是发展库区经济，而库区经济的发展，本身就是使库区的农民富裕起来。

对口扶贫的重点在帮助贫困地区造血，不是简单地输血。因此，项目、技术、人才、市场的扶持，是对口扶贫的重点。而贫困地区也不应把眼光盯在对口扶贫单位的钱物上，而应更多地从中寻找项目和发展的意识、市场，在对口单位的扶持下，发展自己的经济，在发展中实现根本性的脱贫。

200万贫困人口在渴盼脱贫，3000万巴渝儿女在关注，8.2万平方公里上的人们，定会携起手来，共同摘掉贫困的帽子，迈向新世纪！

1997 年 6 月，《重报内参》

一座小城的精细化治管经验

　　左手拎着一个塑料袋，右手拿着一把两尺多长的铝制垃圾捡拾钳子（简称"钳子"），只要有时间，每天晚饭后张琳都是以这样一幅"打头"，出现在大街小巷。

　　张琳是南川区市政园林局"一把手"，"口袋用来装烟头、纸屑等垃圾，钳子是捡垃圾的专用夹子。"张琳说，这两样"工具"最近几天将"密集配发"至南川区党政各部门的班子成员手中，人手一套，"区委号召机关干部带头上，把城市的清洁做好，彻底改变过去南川的脏乱差印象。"

　　做好清洁，力争成为重庆最干净的县城之一，并最终奔优秀旅游城市目标而去，这是南川区为自己设定的城市管理的第一个大目标。

　　"我们希望以此为突破口，启动南川精细化治管城市之路。"南川区委书记王永康直言，从做清洁入手，通过制订一系列城市管理的精细化标准，推动城市形象的改变。

从做清洁入手的"玄机"

鲜花、大树，干净、整洁的街道，这是时下南川留给外来者的直观印象。

而一年前的南川，与其他城市一样，存在脏、乱、差等共有问题：马路雨天一路泥，晴天一路灰，树枝上积满灰尘，街道边垃圾随处可见。

张琳说："街上的垃圾，有时堆放了几天都还在，整个城市看起来脏兮兮的。"

"这样的环境会给投资客商什么印象？"去年6月从浙江宁波交流到南川任职的王永康坦言，当时压力很大。

城市治理的突破口在哪里？

王永康称，南川的工业经济是以资源消耗为主的发展模式，二三十年后，在资源逐渐耗尽之际，南川靠什么发展？这个问题必须与城市定位和有效管理结合起来。

那么南川城市的定位又是什么呢？王永康坦言，创建优秀旅游城市，这既是定位，又是城市治管的最终目标。

王永康称，南川要成为渝南黔北区域经济中心，就必须吸引更多的人前往定居和旅游，要做到这一点，这座城市就要有足够的吸引力，这给城市管理提出了非常高的要求，"必须建立一套有效的城市管理机制和运行标准。"

经过几个月调研，今年年初，南川正式提出了城市管理的精细化战略，即对城市管理对象实施精细、准确、快捷的规范与控制，强化城市公共服务配套。

精细化管理涉及城市方方面面。对路灯、道路井盖、果皮箱、道路名牌、行道树、广告牌等要编号建档。

市容市貌、环境卫生、市政设施、园林绿化设施、广场公园绿地管理、居民小区管理、建筑工地管理等方面，要制订详细的考核标准和评分标准。

对绿化绿地养护、市政道路维护、环境卫生保洁、路灯景观灯亮化，每条道路、每块绿地、每盏路灯、每只垃圾箱细化等都落实到具体养护保洁工作人员和督查责任人员及其单位负责人。

精细化管理的"名堂"

城市清洁天天做，但要做出个"名堂"并非易事。

张琳说，大街小巷怎么打扫都有严格规定。"为严格推行清洁的精细化管理，市政局每个领导都分别承包了几条街道，每条街道上都立有责任牌，上面留有电话，群众随时可以投诉和反映问题。"

精细化管理，不仅仅体现在打扫清洁上，还体现在城市建设的细节运用上。

"南川要创建优秀的旅游城市，那么优在什么地方，那就体现在细节和标准上。"该区市政局的负责人说，宁波、杭州、大连，这些城市都特别注重城市建设中精细化的管理，细到人行道的地砖尺寸、花色，地砖与地砖之间的缝隙怎么处置都有明确的要求。"南川要做的，就是学习、借鉴沿海在管理城市方面好的经验。"

他直言，与沿海很多城市相比，南川在城市管理上需要提升和改进的空间比较大。张琳称，南川的精细化管理，并非完全体现在对清洁和城市建设细节的简单要求上，更要考虑特殊、弱势群体的生存和生活需求，为他们在城市中的生活、就业预留空间，如小摊小贩、摆夜市等人群。

城市之变推动产业转型

南川区副区长康纪强称，优秀旅游城市这一终极目标确立后，旧城拆迁、改造，商圈的建设，示范路的改造等相继铺开。

据悉，包含文化中心、艺术中心等在内，南川城市建设的资金投入将超过50多亿元。

张琳透露，今年国庆节前后，六条示范街将集中统一亮相，出高速路的迎宾大道灯饰、绿化将在8月初建成，城区主干道两旁的人行道将统一由花岗石铺设。

王永康称，城市管理的细节上去后，这座城市就耐看，来的人就多，城市活力就会发生变化，各种资本要素也才会聚集到这里，并由此推动城市经济的逐步转型。

他说，南川资源除了煤和铝，就是国家级金佛山景区，南川将以旅游为核心来打造一批产业链。通过旅游城市的人气聚集效应和南川的区位优势，发展休闲产业和建立专业市场，如引进生产网球拍、篮球、高尔夫球具、手表、运动鞋、休闲服装等企业，建立起辐射渝南黔北的五金市场、建材市场。

据南川方面的信息，目前已经有生产运动服装的知名企业频繁前往考察。

2010 年 8 月 5 日，《重庆日报》

"三务"公开破解农村治理难题

"本月收入：财政所划拨土地确权工作经费3236元，五星煤矿出让金和新嘉能煤矿交2009年青苗费30500元……"

"本月支出：居委购锁一把20元，电话费14元……"

这是南川区水江镇大龙社区居委会11月8日公布的10月份财务收支明细账。同日公布的还有党务和村务具体情况，包括居委会党员干部交纳党费和对群众帮扶的情况、辖区入党积极分子的个人情况等。

该居委会负责人称，如果居民对公布的各项内容明细有异议，可借"质询解答日"，要求居委会干部做详细解答。

不仅仅是在水江大龙居委会如此，从今年初开始，南川区纪委在全区243个村（居）委全面推行党务、村务、财务"三务"公开。

南川区纪委书记周瑜泉称，"三务"公开后，属于村（居）委集体的"资金、资产、资源"构成的三资增值近1亿元。通过此举，农村基层的矛盾得到大幅度缓解，反映村社干部的信访量与去年同期相比下降45%，干群关系明显改善。

告状信催生"三务"公开

在一年前，南川基层农村的干群关系矛盾交织，一直是周瑜泉最为纠结的事。

周瑜泉称，那时群众寄来的告状信很多，大多是反映村社干部的告状信，涉及农业补贴、低保、社保、征地补偿等方面。不管事情大小、金额大小、事实是否准确，群众都要写信告状，反映村社干部处事不公、利益分配不公，有的还趁机侵占老百姓利益。"如果遇上区里主要领导调整，写信告状的群众更多。"

南川区委书记王永康直言："一年前到南川就任时，每天都能收到几封群众的告状信。通过对这些信件反映的事实调查后，发现群众告状的一个重要原因就在于村社干部在村级经济特别是在涉及群众利益问题的决策上不透明、不公开、监督不到位。"

由于村社的信息不及时公开，不仅让村民怨声载道，还让一些干部蒙受"不白之冤"。

"以前'三务'不公开时，有的村社干部通过外出承包工程赚来的钱去买新房和小车，却被一些村民误认为是挪用集体资金来买的。"大龙社区党委书记金开善说，由于误解越来越深，以致一些村社召集村民开会都成困难。

如何才能既把矛盾解决掉，又能还干部一个清白、群众一个明白呢？周瑜泉称，在通过大量走访、调研的基础上，南川区决策层提出了解决思路：从2010年初开始，村（居）委要从过去几个月，甚至半年才公布一次村务的做法转向每个月定期向村（居）民公开村务、党务和财务。

让砣砣账变为明细账

确定"三务"公开做法后，南川先后投资200多万元，对全区243个村（居）委统一制作长6米、宽1.5米的标准化"三务"公开栏。

该区按照"三务"公开的制度设计：党务公开包括党建工作目标、"三项制度"及党内选举等内容；村务公开包括支农惠农政策和集体建设项目等内容；财务公开包括以集体资产、资源、资金为核心的资金收支明细、村社干部报酬、资产资源处置等内容。

公布时间确定为每月8日，并把每月12日确定为"三务"公开质询解答日和民情沟通日。大龙社区居民张如平说话比较直接，他说，这样能让村民回忆起村里发生的事情，免得村社干部"假打"。

南川区纪委负责人称，随着"三务"公开又引申出了农村集体资金、资产、资源的"三资"管理制度改革。按照新的制度，凡涉及农村土地租贷承包、集体资源资产处置、"一事一议"经费筹资等村级发展和村民利益的重大事项，必须严格按照"提出方案—集体讨论—征求意见—形成预决—投票表决—监督实施—检查验收—公开结果"八大环节进行民主决策。

金开善称，对土地面积、森林资源、山坪塘等进行清理后，镇上成立了村集体"三资"代理服务中心，实行社财村管，村财镇管。

在"三务"公开同时，为避免村社干部"作弊"，每个村还成立了由3～5名威望高、作风正、素质好的村民代表组成的村民监督委员会，对村社财务、干部个人行为等进行全方位监督。

"修建红锋村公共服务中心，每块砖、每包水泥、每桶涂料多少钱，用好多块砖、好多包水泥，公示栏里一目了然，随时可看，老百姓也没啥意见了。"南平镇红锋村村民黄万元称，要是在过去，这些支出估计要一年半载才公布一次，不是村民代表听汇报，就是在简陋破烂的黑板上简单写一下：这里用5万，那里花10万，全是"砣砣账"。

王永康称，从"糊涂账、砣砣账"到现在的"明白账、明细账"，通过一项小制度的创新，不仅有效化解了困扰基层多年的干群间互不信任、干部缺乏有效监督、干部损害群众利益等矛盾冲突，还为农村基层的社会管理探索出了一些可行的办法。"现在，一两月才收到一封老百姓反映村社干部的信。"

廉政创新"激活"乡村资源

以"三务"公开为主的基层廉政创新不仅纾解了老百姓心中的怨气，也为村社干部放下包袱做事搭建了制度平台，同时还"激活"了更多的乡村资源。

周瑜泉称，"三务"公开引出的"三资"清理，使全区村社"三资"增值近1亿元。

"村上有13口池塘，实行公开招投标，过去20亩一口的池塘，承包出去租金一年只有500元，现在却涨到了3000元。其他12口闲置的池塘，也能产生200～500元不等的租金。"金开善说，通过"三资"清理使村民更能了解"家底"。

清理出有的村账户上集体闲置资金高达上百万元。

在"三务"公开制度的保障下，如何有效盘活、做大"三资"是摆在村社干部面前的一道难题。

经过村民广泛讨论，并征得90%的村民代表同意，水江镇大燕村利用"集体资金"40万元在当地建起了鞋厂。

"根据目前鞋厂的发展态势，预计3年时间内将增值100万元。"大燕村党总支书记李克勇说，投资建厂既方便村民就近打工，又能增强集体资金的"造血"功能，投资收益将用于村民合作医疗保险、扶持创业、失地农民培训等。

"三务"公开不仅为探索做大"三资"打下了基础，同时还改善了农村的投资环境。

在大观镇金龙村投资6500万元建食品加工厂的民营企业老板邓华伦深有感触地称，村里政策透明、办事民主、公示详细，能有效预防企业与村民之间发生"扯皮"。

2010 年 12 月 7 日，《重庆日报》

频繁"人情宴"不堪重负

——南川出台制度重塑民风

"20多天都没有走一个人户，一下子觉得压力轻多了。"南川区人大一普通干部称，要是在过去，每个月走人户平均都在四五起，一个人户一两百元，一个月的工资用于送礼几乎就花去近半。

感叹人情负担减轻的不仅仅是这一名机关干部，对此感同身受的还有南川区的绝大部分公职人员和普通群众。

人情负担的大幅度下降，缘于今年5月24日，南川强势出台《操办宴席管理暂行规定》《工作人员饮酒五条禁令》两个制度。

南川区委书记谭大辉称，两个制度的推出，不仅遏制了社会上长期存在的借各种名义大操大办宴席的这一不良风气势头，还借此整顿、狠刹了干部与之相关的"歪风"。此举，既减轻了老百姓的人情负担，又正了党风、政风，重塑整个社会民风。

"请"与"被请"都喊累

南川区东城街道灌坝社区居委会主任李春满有自己的一本"人情账"。

在社区工作，李春满每个月的工资大约1000元。此前，每个月接到的各种宴请"罚单"大约4起，每户送100元，一个月送礼就得花掉400元。

李春满说，自己最怕接到请客吃饭的电话。

71岁的社区居民何强英是土生土长的南川人，亲戚、朋友、熟人、同事很多，相应的宴请邀请也特别多。何强英说，去年春节一个月送出的礼金就达2400元，"有点受不了！"

因为送出去的礼金太多，何强英也想找个名目办席把礼金"赚回来"。仔细算算账却犯了难，普通宴席一桌大约200元，如果自己买材料租地方办，成本也要一百五六，这还不包括酒水和烟，不管哪种形式，一桌所有成本加起也要300多元。

而参加宴席的，每家一般都是来三个人，送100元居多。这样下来，一桌收支差不多填平，稍不注意就亏损。

何强英说，算来算去，还是决定不办了，太累人。

"人情风"不仅困扰着城市居民，在农村一样令人发愁。李春满丈夫的老家在农村，前几年，老人去世，家里杀了三头猪，吃了三天三夜才结束，还欠下不少债。

李春满孩子出生后，为办与不办满月酒，夫妻俩纠结过。如果要办，农村亲戚要不要请？请，来一趟车费加上礼金，对农村人来说可是个不小的负担；不请，又怕老家的亲戚会认为是瞧不起人家。这个问题纠结着李春满夫妇，同样纠结着农村亲戚。

但也有不少城里人选择了操办酒席。据一曾经操办了60桌酒宴的人士称，虽说办酒席累人，但还是有点利润，而且自己送出去了很多，如果不办，一点都收不回来。所以必须办酒，还要找各种名义办酒，如升学宴、搬家宴、生日宴、墓碑宴等，只要挂得上边、找得到名义的就可以办。

该人士称，有了办酒的名目，要想多赚点钱，就要扩大请客的范围，把一些点头之交、一面之缘的人也要通知到。酒席桌数越办越多，不仅可以增加利润，还可以给自家赚足面子。

谭大辉称，为何请与被请都喊累，大多数人还是热衷于办酒宴，问题的根本原因在于，以"酒宴"为载体的社会民风进入了恶性循环。

随着这种风气的盛行，一些机关干部借机敛财，借机大肆饮酒、醉酒，严重影响干部队伍的形象。

民风重塑，从公职人员开始

"人情宴席风"已经让老百姓不堪重负！今年4月，南川一网站论坛上，一网友发帖晒出了自己一个月来参加宴席送礼的明细单子，直呼这样下去"遭不住"。

受此帖影响，一时间，网上围绕"治理宴席也是民生行动"的讨论，吸引了数百网友的参与互动。

"宴席风盛行过度产生的不良社会风气，网友的呼声，我们都是看在眼里，记在了心上。"谭大辉称。破解难题的支点在哪里？"决策层的集体意见是从公职人员开始抓起，继而达到上行下效的效果，因为老百姓都在盯着咱们机关干部和事业单位的人员。"

一番密集调研论证后，由南川区纪委牵头制定实施的《操办宴席管理暂行规定》《工作人员饮酒五条禁令》两个制度被迅速推出。

两个制度规定：把机关事业单位的全体员工纳入整治对象；不准借妻子、兄弟姐妹之类的名义摆酒请客送礼等，对违规办宴席者，进行媒体曝光，并给予重惩。

因各种婚丧喜庆等事宜确实需要办宴席的，不能以同一事由重复操办，所设宴席不得超过20桌，时间限定一天。党员干部申办宴席，必须在事前将操办的事项、时间、请客对象等情况写出书面申请，严格实行分级报告审批制度。

经审批同意之后，还要"约法四章"。不许公车、公物、公款私用；不能打着婚丧嫁娶等名义借机敛财；不许借妻子和兄弟姐妹之类的名义违规请客送礼；不准通过发请柬、打电话、发短信、托人等方式邀请服务对象和下属参加。

对公职人员的约束不仅仅是操办宴席，还有饮酒禁令。南川区规定，国家工作人员不许在工作时间和工作日午间（外事活动或招商引资公务活动除外）、值班、执行公务、影响公正执行公务的各种场合饮酒。

南川区委常委、区纪委书记周瑜泉称，违反制度被问责的措施也相当严，如果单位一年之内有公职人员出现两次违规，不仅当事人要受处罚，单位主管领导也要被取消当年评先评优的资格，并被全区通报。要是情节严重，造成恶劣影响，还将受到党纪政纪处分。

据悉，两个规定出台后，两天内即被快速准确地传达到乡镇和村（居）委。

治理大操大办，对公职人员可以做硬性要求，但对普通群众又该如何？南川区监察局一人士称，老百姓对大操大办已经厌恶，只是没有一个恰当的时机来摆脱，两个制度一出台，群团组织一发倡议引导，老百姓立马拍手赞同。

谭大辉称，要想民风顺则先要党风正，政风正，社风正，从机关干部事业单位人员入手，等于抓住了重塑南川民风的"牛鼻子"。

纠正了民风也优化了环境

周瑜泉称，民调显示，95%的干部群众认为两个制度既重塑了民风，也大大缓解了他们的经济压力。持反对意见的，主要集中在一些餐饮企业和酒品供应商。

由于"宴请风"一度过度盛行，以至于一些餐饮企业几乎依托宴席生存，有的还专门提供设备和出租场地。

当地一餐饮企业的负责人称，靠宴席生存的生态不能逆转，不仅对行业长远发展不利，对欲做"优秀旅游城市"的南川同样不利。

影响的还不止于此，当地一企业负责人称，过去，经常能收到辖区一些干部的"宴请邀请"，这对个人和企业都是一种负担。现在市政府也把南川列为笔电配套产业布局的一个基地，招商任务肯定重，两个制度带来的软环境改变，对招商引资也是一件好事。

被改变的还有干部形象。周瑜泉称，过去一些公职人员也加入到大办酒宴的行为中，这给老百姓留下了不好影响。老百姓的理解，这些公职人员之所以能办70桌或者80桌，是与其职位和权力有关。"说法虽偏激，但也并非不无道理。两个制度的推出，公职人员的形象将得到提升。"

市委党校一教授称，围绕"宴请"出台的两个制度规定，不仅拯救了民风，也优化了南川的软环境，更为创新社会管理找到了一个好的切入点。

正常宴请是人与人之间交往的一种习俗传承，但过度的宴请不仅会增加当事双方的负担，还会影响社会风气。在新时期创新社会管理的实践中，如何管理、引导好这一社会风气是一个难题，更是一门学问。

2011 年 7 月 11 日，《重庆日报》

冲破"囚徒困境"的酉阳实践

核心提示：

2006年，重庆市提出"一圈两翼"发展战略，"一圈"要带动"两翼"发展，而"两翼"要做大县域经济，逐步赶上"一圈"步伐。

作为国家级贫困县的酉阳，集"老少边穷"于一体，曾是"两翼"贫穷落后的缩影，而今，酉阳跳出传统定式、大胆探索，在破解发展难题上作出了有益尝试，在全市或有启示意义。

最近半年时间，冉林飞每天下班后，常做的一件事就是打开电脑了解老家酉阳最近有没有电子产业方面的招聘岗位。

酉阳板溪是冉林飞的老家，3年前高中毕业，他与村里许多人一道，春节后挤上了南下的列车，在惠州一家电子厂一干就是3年。

从去年底开始，冉林飞发现，自己认识的一些在惠州制衣厂上班的酉阳姐妹都陆续回老家上班。

上班的地点就在自己老家——板溪轻工业园区的服装厂。

而冉林飞记忆中：板溪三年前还是一片庄稼地，何来工业园区、服装厂！

与冉林飞一样，远在上海、浙江、江苏、福建、广东等地打工的许多酉阳人都在不经意间发现了家乡正在发生的巨大变化：工业园区、五星级酒店、体育馆、游泳馆等拔地而起；县城面貌日新月异；县城及周边的工地上到处耸立着塔吊、昼夜不停；县城的每一个人都行色匆忙。

冉林飞说："看到这些变化，感到酉阳与外边的差距在不断缩小。"

表面的变化正改变着酉阳社会经济的肌理：3年前，酉阳的财政收入约为1.5亿元，而3年后已达到10亿元。

过去一个财政收入不足两亿元的国家级贫困县，如何破解发展资金瓶颈，推动酉阳发生如此巨大变化？

巨变背后，酉阳以园区、城市建设为支点，以民生为导向，做大县域经济来缩小"区域差距"的发展路径日渐清晰。

谋变，从"洗脑"开始

从庄稼地到工业园区，板溪3年之变留给冉林飞的记忆痕迹见证着酉阳谋变崛起的历史脉络。

而谋变则是从一场让酉阳人至今谈及仍深感不易的"坟墓搬迁"开局。

2008年6月，市委从江苏选调来的陈勇博士开始执掌酉阳。

当年在全市40个区县发展的综合考核中，酉阳地区生产总值居第38位，人均生产总值居全市第39位。

此时的酉阳不仅小，而且还脏乱差，县城里面随处可见乱坟岗，无论是群众还是干部都找不到方向，看不清这座与自己生活工作密切相关的城市出路在哪里。

这是当初酉阳留给陈勇的第一印象，但接下来的摸底，让陈勇深感酉阳与外界的巨大差距以及形成差距的原因并非一日之寒。

随着了解的深入，陈勇还发现几个奇怪的现象：作为国家级贫困县，该县的贫困人口与其他区县相比总是相对较高，而自己走到基层去看，发现一些情况有出入，绝对贫困人口要少得多。原因何在？

2007年，酉阳县的财政收入大约1.5亿元，作为贫困县，酉阳的财政应该是入不敷出，但酉阳县财政的账上还有不少余钱花不出去。这又是为何？

2008年前的酉阳县城推窗见坟，看到的是"山上是坟，山下是城"的奇异景观。作为国家级贫困县的干部群众，大家过去为何把大把的钱花在建造"活人墓"上？

"做大贫困人口，可以为酉阳争取更多的资金，但折射出的恰恰是干部严重的等、靠、要思想；财政有结余，是没有找到如何把钱投进去做更大蛋糕的方法；热衷造坟墓，表面是干部群众干事创业激情的迷茫，其背后则是城市发展方向的迷失。"陈勇分析，多种现象的叠加导致积弱中的酉阳与周边区县之间发展的差距不断扩大，要从思想深处找问题，战略方法上谋突围。

"战略上讲攻心为上，要解决酉阳的发展，缩小酉阳与外边的差距，必须首要解决干部的作风，统一干事创业的思想。"陈勇称，针对酉阳实际，决策层最终将解放思想的突破口放在坟墓的搬迁上。

短短4个月时间，就拆除"活人墓"1573座，整治超标准豪华墓1826座，6100座已葬墓全部搬迁到公墓区，并在全县顺利推行了火葬。

深远的意义并非单纯拆除、搬迁、整治了多少坟墓。该县组织部一干部说，由此开启的一场解放思想大讨论"盛宴"触及酉阳过去、未来的方方面面。

"酉阳的差距在哪里？""酉阳的出路""掉队的酉阳怎么

办？"等问题的讨论在每一个场合都被反复提及，最终让每个酉阳人都入脑入心。

酉阳县委政策研究室一干部称，2008年前的酉阳，就像"狱中的囚徒"，在同等条件下，是像一些区县那样率先找到机会跳出"牢笼"还是在熬日子中等待施救，这在当时是个纠结的问题。一个区域如此，这个区域内的大部分干部、群众同样如此。"在向思想解放要生产力的大讨论中，为突围找到了答案。"

落后的传统守旧思想认识必须全部推倒重来，酉阳的干部经历了"休克式"治疗的阵痛，一批批干部被"赶"到沿海发达地区去开眼界、见世面。

曾任桃花源镇（县城所在地）党委书记的任序江记得，第一次出去招商引资，走在深圳街头，看着川流不息的人群，充满迷茫不知道该往哪里去。不会招不会谈，怎么办？不停发名片，不停送政策，不停打电话……"就像被扔到海里，只能大海捞针了。"如今，回过头来，任序江感慨，"贫穷落后的地方要打开局面，必须要迈出这一步。"

无中生有谋园区

"思想大解放"的冲刷彻底而猛烈，困境中的酉阳第一次清晰直面自身差距：抓工业，没项目、没企业；抓城建，没资金、没地盘；抓市场，没商品、没物流。

"巧妇难为无米之炊"，酉阳困境突围，出路在哪里？

大讨论中，各方意见取得一致：要缩小与外边的区域差距，酉阳必须走工业强县之路，而工业园区建设则成为关键。

但山沟里搞工业，无数个任序江们惴惴不安。"过去也提过发展工业，但是招不来企业，引不来资，就是本地一些加工企业小打小闹，搞工业园区更是破天荒第一次。"

尽管没有把握，但时刻表已经开始倒计。2008年7月13日，任序江临危受命，必须在当年8月15日前动工小坝全民创业园，否则其党委书记的"帽子"不保。

第二天，任序江飞赴江苏建湖民营工业园，学经验、请专家、做规划……园区如期开工。为何如此之急？任序江后来才知道，"因为渝湘高速公路要通车了。"小坝园区紧靠高速公路道口，接通此道口，小坝可如鱼得水。

依托过境的渝湘高速和渝怀铁路，让酉阳物流搭上两条快车道，是处于武陵山腹地的酉阳开建工业园区的突破口。除小坝外，酉阳依托两大出入境通道还先后开工建起了板溪轻工业园、龙江重工业园、渝东南现代物流园等。

酉阳也由此成为渝东南地区重要的物流中转站，并辐射贵州、湖北紧邻的地区。

任序江称，随着渝怀铁路、渝湘高速的建成，酉阳的区位优势发生了巨大改变，酉阳到沿海的距离比主城还缩短300多公里，酉阳也成为重庆对外开放的前沿阵地。布局的四大工业园区正好处于长株潭和成渝两大经济圈的中间，还可对大武陵山地区构成辐射。

也正基于此，菲律宾菲美乐鲜果有限公司在考察多个省市后，最终选择在酉阳板溪工业园区建厂，并组建重庆绿加饮料有限公司。

"产品从这里运往周边，销售半径最短。"重庆公司总经理夏训康称，该公司的产品主要销往四川、湖南、湖北、贵州、西藏、重庆，以酉阳为圆心，产品达到以上省区市，省时间，物流成本低。

入驻园区一年后，绿加二期约3个亿的投资也正在跟进。

依托两大交通要道形成的区位优势是酉阳工业园区的一张牌，但仅仅靠一张牌还不能构成工业园区对企业的足够诱惑。

在工业园区布局的同时，酉阳抛出了第二张牌：在板溪工业园区用BT模式建起了渝东南最大职教中心。"企业需要什么人才，我们就依托本地的人力优势培养什么人才。"职教中心负责人说。这一招吸引了沿海一大批为"用工荒"伤神的企业纷至沓来。

以市场为主　多渠道筹资

短短一年时间，酉阳平地崛起四座工业园区。

随之铺开的还有县城的一些公共项目，如体育馆、图书馆、游泳馆、新闻中心以及诸多的道路基础设施建设。

对于年财政收入不足两亿元的国家级贫困县，在上级财政投入不便的情况下，酉阳如何找米下锅打开局面？

"过去是有多少钱办多少事，现在是要办多少事就能筹多少钱。"酉阳城建公司总经理陈伟说。

2009年11月3日，酉州大酒店内，叫价声此起彼伏。

1500万元起价，十分钟飙至2000万元……该县新闻中心地块最终以超出底价560万元成交。

此次拍卖，每亩地单价高达320万元。就在一年前，同一地段的地价，连30万元一亩都无人问津。

一年暴涨十倍，陈伟道出其中缘由：拍卖只是最后一锤子，科学规划才是土地增值的根本。"政府在周边布局了五星级酒店、重点中学、文体中心等，土地的开发价值一跃而升。"

政府公益性建设项目无法靠卖地操作，怎么办？酉阳翔宇公司总经理唐万刚曾焦头烂额：县城综合文体中心要破土，游泳馆、图书馆、桃花源广场要扩建，渝东南民俗风情街要开工——这些标志性建筑，是拉动酉阳县城土地升值的"引擎"，但没钱，这个"引擎"毫无动力。

在实践中，酉阳开始琢磨"大项目建设与商业开发相结合，向市场要钱"的模式来运作。

桃花源广场扩建项目成为第一个试验田。唐万刚为广场配套建设了2.5万平方米商业门面，通过预售门面，政府不但没投钱，反而赚了一亿多元。

这次"无中生有"的试验，突破了酉阳城建"无钱不建"的思想禁锢。如法炮制，渝东南民俗风情街等众多项目的资金困局，全部迎刃而解。

与城市建设不同，园区建设难以靠"无中生有"。当时，县上决策层就下任务："县里各部门要想尽办法修建不少于500平方米标准厂房，修建不了的，上交30万元资金，由园区代建。"至于钱从什么地方来，各个单位自行解决。

依靠倒逼机制，在短短半年时间，酉阳就修建了12万平方米的厂房。

"部门单位建设厂房，只是微不足道的一部分，更多的比如基础建设等方面的资金还得由园区自己想办法。"时任板溪工业园区管委会主任的石磊说，作为贫困县，争取对口帮扶单位——中国致公党和"圈翼互动"对口支援区渝北的资金项目支持也成为园区建设的关键。

最终通过部门筹资、招商引资、向上争资、"圈翼互动"、银行融资等多种手段，至2009年底，酉阳共筹集了10多亿元资金投入园区基础设施建设，相当于酉阳2007年财政收入的7倍。

园区带动民生　民生推动发展

园区的开建，在为谋变中的酉阳提供动力引擎的同时，也相应带动了民生的改变。

位于渝湘高速公路旁的酉阳小坝全民创业园是一个以微型企业为主的园区。

2008年底，当地农民潘冬英返乡在这里创办起三花木业有限公司，专业从事木板材加工、生产和销售，生产线上的工人全都是酉阳人。

樊绪飞便是其中之一，从沿海打工返乡上班后，每月平均工资接近2000元，"比在外打工实惠，还能经常回家看看。"

"在沿海，租房、交通样样花钱，每年往返一次就存不了多少钱。"当初决定从沿海返乡，樊绪飞就盘算过：先住职工宿舍，过两年，孩子要上学的时候，把妻儿都接到身边，一家人就去住园区公租房。"还可以转为城市户口，孩子读书也不用交钱，也就安心在这里干了。"

酉阳是劳务输出大县，常年有20万人外出打工，留在县内打工的只有不到6万人。樊绪飞的想法很有代表性，近两年，仅返乡就业的农民工已达7万人。

除了进入创业园区创业，多数人在其他工业园区找到了工作岗位。如此规模的转移，源于酉阳对园区的定位布局。

对于酉阳而言，要在武陵山腹地建设工业园区，除了两大交通要道带来的便利和优势，最终要把企业吸引来，不仅要充分利用酉阳具有的劳务人力资源，同时还要给进来的人提供居住的地方。

2008年园区开建之初，用于培训职业技能的职教中心和园区公租房就同步规划、开建。在板溪工业园区，6万平方米厂房就配套了4万平方米公租房。

用该园区负责人的话说，企业只要把设备搬过来装上即可。

上海东奥迪利斯制衣有限公司落户酉阳板溪工业园，公租房无疑是重磅筹码。"制衣厂最看重劳动力。"该公司生产厂长路中清说，"到这里，招工容易，职教中心提供员工培训，公租房解决员工住的问题，这对企业来说节省不少成本。"

园区带动了民生的改善，相应地，民生改善又推动了县域经济的发展。

布局三张"底牌"同时，酉阳也探索出一条"园城"互动发展路径：通过职教中心把人请进来，园区就业把人留下来，公租房建设把人住下来，户籍制度改革把人稳下来，最终推动县域经济的壮大，并同步实现缩小"三个差距"的愿景。

"去年户改的时候，还将农民向乡镇和县城集中，今年开始有意识地转到园区。"任序江说，目标是园区发展与城市化进程结合，产业与城市互动，园区与城市共建，四个园区正好组建成四个组团，每个园区集聚七八万人，2030年，整个酉阳建成人口规模30万的城市。

"人口集聚了，城市就形成了；城市建好了，人自然就稳定了，这是一个良性互动。"对任序江或者整个县城来说，当务之急是尽快建好各种配套设施，包括学校、医院、交通、娱乐、商业等设施。

冲出困境背后的制度创新

"酉阳变了！"市委党校一位研究博弈论的学者在实地调研酉阳后感叹，酉阳已经找到了破解"囚徒困境"的办法——做事的方法和管好干部做好事情的效能制度建设。

对于每一位酉阳干部来说，每日必做的功课之一，便是打开电脑，点开管理系统，通过日志向县委报告行踪："何时、何地、做了何事"。

陈勇称，实施精细化管理意在"刹住"机关干部"当一天和尚撞一天钟"的懒散风气。瞒报、虚报者将被诫勉谈话甚至责令辞职。

效能建设第二招来势更猛——"八个倒逼"：即每项任务倒排工

期，让目标倒逼进度、时间倒逼程序、社会倒逼部门、下级倒逼上级、上级倒逼下级、部门倒逼乡镇、乡镇倒逼部门、督察倒逼落实。哪个环节梗阻了，哪个部门出了问题，不能如期完成任务，领导将被问责，直至免职。

桃花源镇镇长王美景说，"八个倒逼"让每个机关干部都像机器上的齿轮高效运行。

当然，还有严格"打表"的督查队，"抓住不落实的事，盯住不落实的人"。现在，酉阳干部群众都知道，"有事就找督查巡察办"。

作为一个"特权"机构，该督查办被赋予了组织协调权、督促检查权、直接处置权、干部奖惩使用建议权等四项权力。

过硬的执行力爆发出强劲的动力，数字反映变化。酉阳2006年至2010年，生产总值从34亿元跃升至58亿元，地方财政收入从1.5亿元增至7.7亿元，增速达71.5%。地方实力充盈的同时，老百姓的腰包也鼓起来了：城镇居民可支配收入从7880元增至11629元；农民人均纯收入三年净增1301元，达到3655元。

市委党校的一名学者说，最近几年，市里在推动边远贫困地区发展方面做了很多工作，从干部的配备、交流到推动基础设施建设，对区县财政资金转移支付比例的提高到推动两翼农户增收。这些措施对于每个区县来讲，机会都是均等的。面对这些均等机会，"老少边穷"的酉阳，其崛起之变有着更为现实的解剖意义。

2011 年 5 月，《重庆内参》

渝东南，正大步向主城靠近

"酉阳在长株潭和成渝两大经济带的中间节点，比重庆主城到广州还近300公里，可为企业节约一笔不小的物流成本。"这句话，酉阳土家族苗族自治县发改委主任任序江已经记不清说过多少次了。

"大多时候，客商对这句话都很感兴趣。"任序江说，随着渝怀铁路和渝湘高速的建成通行，原本处于武陵山深处、集"老少边穷"于一身的酉阳逆转了困扰发展多年的区位劣势，一跃变成重庆对外承接东部沿海产业转移的"桥头堡"。

从曾经最边远的山区腹地转为承接产业转移的前沿地，不仅只是酉阳，还有位于武陵山区和三峡库区的秀山、石柱、彭水等地。

在主城从事交通规划设计工作的李永忠夫妇亲历并深刻体会到这一路径带给自己乃至于整个家乡的变化。

15年前，李永忠在重庆直辖的那天结婚，妻子来自彭水县郁山镇。1997年腊月二十八，李永忠夫妇上午11点到朝天门上船回老家，沿途还换乘大巴和快船。

"300多公里的路，竟然走了30个小时，直到第二天下午5点多才到。"说起这段经历，李永忠至今仍记忆犹新。

交通不便，在当时的渝东南地区，李永忠的切身感受是一个普遍存在的事实。

而相对于大多数当地人而言，李永忠夫妇算是幸运的。"有女莫嫁鹿箐盖，苞谷壳子当铺盖，脚杆烤起火斑子，一年四季吃酸菜。"这首歌谣反映了彭水一带农民食不果腹、衣不蔽体的实况。

重庆直辖之初，东、中、西三个区域的阶段性矛盾都在重庆得以集中呈现，大城市、大农村、大山区、大库区及民族地区集于一体。

3200万人口中，农村人口超过了2000多万，其中农村贫困人口高达366万。而渝东南所在的行政单位都是"国家级贫困县"，几乎全属"老少边穷"地区。

区位边远，交通不便，是制约山区发展的普遍问题，也是贫困地区、少数民族地区寻求发展、缩小差距的最大瓶颈。

针对当时的现实状况，直辖之初，市委、市政府就提出了大城市带大农村，城乡共发展、共繁荣，逐步实现脱贫致富的战略思路。同时加强交通枢纽建设，从1997年起，连续3年定为"交通建设年"，提出的发展目标是"五年变样、八年变畅"。1999年6月，市委、市政府提出，重庆的交通建设目标要量化到"八小时重庆"。围绕这一目标，制订了在2020年建成"二环八射"2000公里高速公路网的宏伟规划。

到2002年春节，李永忠与妻子再次回到郁山镇老家过年。这一次，大约走了8个小时。虽然较1997年缩短了22个小时，但李永忠依然觉得回趟老家真的不容易。

也就在这一年，市委、市政府提出"交通规划提速十年"的决策，交通建设目标被再次量化到"四小时重庆"。

围绕这一量化目标，通往这些贫困地区、边远地区、少数民族地区、三峡库区腹地的高速公路、铁路先后建成通车。

横贯渝东南武隆、彭水、黔江、酉阳、秀山等五区县的渝湘高速，给这个重庆最大的少数民族聚居区带来了福音。

在离黔江城区近20公里的濯水古镇，每到周末，人来人往，来自主城的市民成为这里的主要消费群体。

在酉阳，围绕渝湘高速、渝怀铁路构建的四大工业园吸引了不少来自沿海的企业入驻。

在秀山，依托高速公路便捷的物流而逐渐壮大的金银花产业种植规模已达到10多万亩，成为全市最大的金银花生产基地。

一到节假日，前往渝东南地区沿途景点仙女山、乌江画廊、小南海、桃花源、龚滩古镇、龙潭古镇、边城、凤凰山等地的游客更是成倍增长。

李永忠说，如今再回郁山镇老家，只要2个多小时即可到达，10多年前的30个小时路程已成为遥远的回忆。

随着制约"老少边穷"地区发展的交通瓶颈逐步打通，如何让这些地方的经济社会发展尽快步入轨道？

2006年11月，市委、市政府提出"一圈两翼"发展战略，即以主城为核心、以大约1小时通行距离为半径范围的城市经济区为"一圈"，建设以万州为中心的三峡库区城镇群和以黔江为中心的渝东南城镇群为"两翼"。

当时，"一圈两翼"发展战略构架提出，"一小时经济圈"内将形成1个特大市、5个大城市、7个中等城市、若干小城市的城市体系的发展目标，并以此为核心，带动渝东北、渝东南"两翼"地区的发展。

如果说"二环八射"高速路网、渝怀铁路、宜万铁路的构建为渝东北、渝东南"两翼"地区加快发展打通了"动脉血管"，那么"一圈两翼"战略带来的是资本与资源在空间上的重新配置，经济与社会发展在区域之间的合纵连横。

渝东南赶上了快班车。随后，一些相应的配套制度密集出台，如"一圈"的区县对"两翼"区县实施结对帮扶。

输血与造血的相互结合，位于"两翼"之一的渝东南区县也得以快速成长。酉阳县委书记陈勇称，2006年该县财政收入不到1.5亿元，而2010年有望突破10亿元。

交通改善与"一圈两翼"战略的实施，为逐步消解"两翼"的老少边穷地区与主城之间的城乡差距创造了条件。但贫富差距的缩小则需要更为具体的举措来分解、推动。

两年前，彭水润溪乡肖家村的党支部书记助理曾对该村现状做了一次调查。

肖家村共有4个村民小组，344户1337人，其中劳动力802人，常年外出务工劳动力240人。少数民族人口占全村总人口的86.2%。

2008年，肖家村村组集体经营收入为零；农民家庭经营收入384.24万元，其中出售产品收入153.6万元、林业收入为15.55万元。

当年，肖家村农民外出劳务收入160.01万元，农民从集体获得再分配收入（含各种补贴补偿）44万元。

扣除农业经济总费用153.7万元（含生产费用和管理费用），肖家村2008年的农民所得总额为434.55万元，农民人均收入仅为3250元。

肖家村仅仅是渝东南地区农村真实现状的一个缩影。

据了解，渝东北、渝东南"两翼"地区作为三峡库区、少数民族地区和集中连片贫困区，集聚了重庆80%的贫困人口和50%以上的农村人口，有农户300多万户，总人口超过1000万，农民人均纯收入不到全国平均水平的75%。渝东南比渝东北更为贫困。

"两翼"地区也因此成为全市经济社会发展的最大"短板"。历经两年多的充分调研，解决"短板"的落脚点被确定为农户增收。2010年，"两翼"地区农户增收工程启动，计划到2012年使"两翼"农户纯收入在2009年的基础上户均增加1万元。

增收的途径和模式包括林禽养殖、林下养畜、林地种植、林业产业、林果产业、森林旅游等方式。市财政为此计划3年内投入100亿元，市农商行等5家银行3年内拟安排650亿元信贷资金用于推动农户增收致富。

市农委副主任高兴明称，为确保农户增收计划得以实现，市级相关部门还进行一些制度创新和探索，如灵活设置农村土地承包经营权、林权、宅基地使用权抵押与退出机制、地票挂牌交易、户籍制度改革、林权抵押贷款、小额信用贷款和联户担保贷款。在"两翼"组建村镇银行、小额贷款公司，支持农民专业合作社兴办资金互助社等。

李永忠说，受惠于农户增收计划，妻子在郁山镇老家的很多农村亲戚收入开始翻番，有的亲戚在家禽养殖方面增收不少，有的亲戚是在林业上大赚。

在李永忠眼里，农户增收工程不仅是解决各地经济发展不平衡这一问题上的具体方法和手段创新，更是密切联系群众，改善和加强党群、干群关系的有效途径。

发展方式的选择势必影响着观察角度的变化。市委党校一位学者称，围绕民生改善来推动重庆科学发展，边快速发展边消解城乡差距，成为历届市委、市政府一以贯之的路径选择。如果说交通建设、"一圈两翼"的战略制定是在为消解差距创造基础条件、积聚能量，那么"农户增收"工程的系统实施、推进则是在向渝东南整体脱贫、实现小康目标发起的一场攻坚的决战。

2010 年 6 月，《重庆内参》

不拘一格育人才

——"五段式"干部培训的南川模式

一字排开齐步走，看似简单实则比较难，这需要整个团队的团结、协作，还要讲究策略和方法才能完成，一个地区经济的发展也是同理。

这是南川区委副书记陈美环参加全区"五段式"后备干部培训军训阶段所悟出的"收获"。

学员的这份收获，同样也是组织部门所期待的结果。南川区委常委、组织部部长蒋继华说，参加培训的学员全部是处级后备干部，通过这种"五段式"接续培养，旨在促进干部学习、实践、认知的有机统一，全方位提高后备干部队伍的执政素质和能力，以便干部胜任更重要的领导岗位。

"五段式"开启干部培训新模式

在党校或者其他名校学习几天，然后选择一个地方参观考察，这是过去很长一段时间干部教育培训的一个主要形式——两段式培训。

进入新时期后，如何丰富干部培训内涵，为干部教育培训探出一条新路，这是摆在组织部门面前的一道难题。

蒋继华称，南川区为贯彻落实今年6月中央颁布的《2010—2020干部教育培训改革纲要》，一直认真思考如何把干部教育培训改革和当地经济发展的任务结合起来，创新实施了"高校培训—红色教育—军事拓展——周支书—沿海挂职"的"五段式"干部教育新模式。目前，全区已采用"五段式"干部教育培训模式培养了130余名处级后备干部。

第一阶段侧重于利用清华大学、北京大学、浙江大学等国内高校培训资源，围绕干部迫切需要补充、更新、提高的理论知识，安排宏观经济形势与政策分析、领导素质提升与领导思维创新、公共危机管理、中华传统国学等20个课程，进一步提高干部理论素养。

第二阶段主要是在井冈山、延安、韶山等革命圣地开展红色教育，坚定学员理想信念。

第三阶段是在重庆警备区进行军事基地拓展训练，强化学员的团队、吃苦、纪律三种意识，着力培养高效执行、快速落实的工作作风。

第四阶段结合深化拓展联系服务群众活动，组织开展"一周支书"民情体验。将学员分成若干小分队，深入区内的大有镇、金山镇、庆元乡等21个边远乡镇的42个贫困村"顶岗实习"，走入农户、深入田间，与农民群众同吃同住同劳动，亲身体验基层干部的艰辛，促进自身观念的转变。

蒋继华称，本阶段培训，不追求干部在这个岗位上到底做了什么，而在于通过此举让干部更多了解基层，察民情、听民声、解民困，进一步强化党性锻炼、宗旨意识。

第五阶段是到沿海挂职交流锻炼，增强干部的实践能力。结合挂职工作实际和干部学习专业、工作性质，全区统筹安排学员赴沿海发达省市，参加3至5个月的挂职锻炼，安排挂任当地政府部门一把手助理或镇长、街道主任助理。

蒋继华称，"五段式"培训采取接续方式，前三个阶段是集中完成，第四阶段和第五阶段的培训与前三阶段之间没有先后顺序，可以交叉进行。

如在挂职方面，从年初开始，南川区已经连续派出5批干部共78人分赴大连、上海、福建，以及浙江杭州、宁波、余姚、慈溪、宁海、东阳、诸暨等地挂职，其中副处级领导干部28名。重点从城市规划建设管理、征地拆迁、园林绿化、政府融资、招商引资、园区建设、旅游开发、商圈建设、行政审批等领域进行培养。

南川干部培训改革的玄机

从"两段式"培训到"五段式"培训，南川迈出大步改革的动力何在？

南川区委书记王永康说，自己是2009年6月从浙江余姚交流到南川任职，到任后，有几个现象让自己"坐不住"。

就任后的第一个月，王永康发现自己批出去的200多个批示件，反馈回复的不到70%，而回复的一半中，能够把问题解决的又只占到了其中的一半。王永康称，这说明干部的执行力还有待提高。

在经济发展方面，南川部分干部、群众的思想相对保守，政策创新不够，怕承担风险。有些干部好像很怕跟企业打交道，个别机关和部门做事比较机械：如果文件没说"可以"就"不可以"，如果有利于部门利益就"可以"，不利就"不可以"；如果有风险，上级同意就"可以"，不同意就"不可以"。

王永康说，正是由于为企业服务的意识不强，致使个别单位不同程度地存在"五难"：人难找、门难进、话难听、脸难看、事难办。

王永康说，这些问题的呈现都与干部息息相关。南川作出

"十三五"发展部署，围绕"建设区域经济中心"这一总目标，要建成重庆的卫星城、都市后花园、特色旅游区。"只有从干部入手，才能为南川的大发展打下基础，才能顺利推进宏伟规划的落实。"

王永康说，把干部送到浙江大学和沿海去挂职锻炼，最为重要的就是要学习沿海开明开放的精神，学习沿海地区在城市管理方面的精细化经验，学习在产业发展、政务服务方面的用心服务理念；把干部送到军营，就是要强化干部的执行力；让干部走到农村、企业去，就是要让他们更好地了解基层的想法，只有把老百姓的问题解决好了，才能更好地推动南川发展。

"干部为南川发展的根本，实施'五段式'培训，区委可谓用心良苦。"作为第一期中青年干部培训班班长，南川区委宣传部副部长张仁俊有着自己的体会，"对于培训，外界短期内可能还无法感知效果有多明显，但从长远看，对干部开明开放的思想理念和宏观把握、微观事件处理的能力等影响都非常大，是真正为南川的长远发展打基础、留火种。"

2010 年 10 月 18 日，《重庆日报》

问计万家情满南川

对基层来说，如何深化创新"进农家"活动，并将联系群众的覆盖面由少数扩展到全体？如何顺应群众新期待，把民生实事办到老百姓心坎上？最近，南川区探索建立"问计万家全覆盖政民互动"机制，为其找到了结合点。

2月15日下午，南川南城街道石林社区公共服务中心。

刚参加完区党代会的社区党委书记李业勇，回到办公室就打开电脑，梳理社区群众提出的16条意见。

意见包括：垃圾堆放带来的污染，农业灌溉缺水，南头路石壁塘段多次滑坡，天马路景观大道绿化，天马路沿线脏乱差，修便民通社公路等。

李业勇说，这是年前问计行动中，社区群众有针对性地提出来需要解决的问题。

这次问计活动中，李业勇作为新当选的区党代表，与其他新当选的所有党代表、人大代表、政协委员，以及大学生村干部和各级机关干部，被全部要求带着区政府特意准备的"大礼包"（一袋汤圆、一幅年画、一封慰问信）走到基层去，走进67万群众家中去，把"礼包"带下去的同时，把群众的"建议包"带回来。

在市委党校教研部主任钟宜看来，南川的问计万家活动，不仅实现了走访与慰问、问需与问计、全覆盖与重点帮、送温暖与解困难、贺新春与谋发展相结合，是贯彻群众路线，践行执政为民在基层的深化、创新、探索。

转型路上需要民意表达的空间

过去5年，南川GDP年均增长17%，地方财政收入达到34亿元、增长12.5倍，利用内资从20亿元增至220亿元。

为此，在该区第13次党代会上，南川提出打造"区域经济中心"和"民生幸福高地"的奋斗目标。

宏伟目标背后，南川面临的则是作为第三批全国资源型城市转型发展试点区的历史契机与紧迫任务。"转型强区""共富惠民"，成为南川决策层的共识。

南川区委书记谭家玲说，面对转型的艰巨任务，除了要对全区干部队伍持续不断地"洗脑换思想"外，还应广泛倾听来自民众的意见，以利于决策，把转型路上事关民生的事项办到群众的心里去。

该区政府督察室主任王永红说，过去安排一些民生事项时，往往采取自上而下的"配餐式"或者网上征求意见，由于信息不对称、渠道不畅通、网民结构局限等制约，群众的建议、期盼，难以迅速反映上来，直接影响决策效果。面对面、零距离倾听民众意见，由他们"点餐"，无疑是最有效、最直接的途径。

如何面对面，且让全部的群众都积极参与进来呢？

谭家玲说，元旦春节，是大量外出务工的群众回家团聚之际，利用这个时机，结合元旦春节为群众送温暖推出了"问计万家，情暖南川"行动，让刚刚当选的新一届党代表、人大代表、政协委员，党员干部、大学生村干部深入群众家中，把党委政府的慰问"礼包"带下去、把群众的需求"建议包"带回来，为正在筹备的"三会"报告集思广益，为实现转型强区建设"一中心""一高地"目标凝聚民力，促使干部、代表、委员转变工作作风和履职方式，真正让党群关系更加密切。

从特殊困难群众到所有家庭全覆盖

据悉，在该行动中，各级干部总动员，所有家庭全覆盖，无论城乡、不论贫富、不论远近，一个不漏走访慰问。

南川区委督查室主任李德勇介绍，过去慰问活动，主要由区领导带队，有选择地走访部分特殊困难群众，不仅量小面窄，有的群众还会产生攀比心理，即使受到慰问的群众，有的也认为理所应当，坐等靠要，产生新的不公平。

在走访问计活动中，南川一改过去"小分队""点状式"方式，动员各级领导、机关干部、村社干部和各级党代表、人大代表、政协委员共13856人，集中半个月时间，深入到25.7万户家庭，逐一登门拜年送"大礼包"，同时要做到见人、拉手、说话、合影。

西城街道西大街社区居民王晚霞说："我是破产企业的退休职工，每逢节假日看着别人都有领导慰问，就觉得特别冷清，感觉无依无靠。现在我们也有慰问，还有礼包，好感动。"

该问计活动在感动群众同时，也让年轻干部得到了锻炼。金佛山景区管委会年轻党员田春艳说，走进群众家里，才能看到最真实的农村生活，这对我们这些刚进机关不久的大学生来说，磨炼与收获都很大。

南城街道党工委书记李恩华则称，走访问计，不仅为民意表达提供了平台，也是一次最深入的民情调查，通过建立外出人员、流动人口数据库，为加强和创新社会管理奠定了基础。

据统计，南川在问计活动中，收到群众评价建议7万余条，涉及交通、水利、市政、教育、医疗、环保等内容。

谭家玲表示，以此次走访问计活动为契机，南川建立完善了"节日全覆盖、平时常态化"的联系群众长效机制，使联系和服务群众成为一种工作习惯和工作方式。

"两代表一委员"的履职新方式

"节日全覆盖、平时常态化"的问计万家方式，不仅为联系群众全覆盖找到了一个实方法，也为"两代表一委员"创新了履职方式。

作为新当选的党代表，李业勇在1月中旬，带着大礼包（汤圆、年画、慰问信）前往村民家中送温暖，并邀请部分村民一块吃汤圆、提建议。

"温暖送下去后，收回来建议16条。"李业勇回忆，村民姚远志提出：他家背后的山坪塘无法蓄水，马上要春耕了，能否找有关部门帮忙修好，方便群众灌溉。

李业勇记下姚远志的建议后，迅即上报区水利部门。"最近几天都在跑这个事情，争取早点帮助群众解决这个难题。"

刚被推选为区政协委员的汪波，在政府支持下，创办微型企业，当起了家电厨卫销售行业的"小老板"。

在走访问计中汪波了解到，环卫工人一大早就开始清扫街道，早饭也来不及吃。从1月16日开始，他每天早上5点起床，亲自开车，免费为环卫工人送馒头、包子等早点。

汪波说，作为一名政协委员，深入了解民情，并力所能及做点实事，这正是委员履职的最好体现。

据统计，在走访问计行动中，该区249名市、区人大代表、215名政协委员、1554名乡镇人大代表走访群众23884户，收集建议意见26333条。这些建议、意见梳理后，全部提到新一届区党代会、人民代表大会和政协会上。通过"三会"进入法定的提交、办理、反馈程序，从而形成代表、委员"联系群众、服务选民、助推发展"的常态履职机制。

2月6日，市政协主席邢元敏就此批示："'问计万家情满南川'关切民生，温暖人心，为'委员联系群众'又搭建了好平台。"

2012年3月14日，《重庆日报》

第七部分

附录

到群众中汲取丰富的营养

——重报集团"走基层、转作风、改文风"活动全面展开

曾革楠　崔健/文

　　"挑水的村民们早已嘴唇干裂、汗如雨下，但都不舍得去喝一口桶里的水。见此情景，记者赶紧将带在身上的一瓶矿泉水送给十几位村民喝。他们每人小心翼翼地喝了一口，瓶子就见底了。"

　　这段描写，出自8月18日《重庆日报》一篇抗旱报道。这一细节让许多读者感慨："用水之窘困感同身受，读来心酸。"这样生动鲜活的报道，近来越来越多地出现在重庆日报报业集团旗下媒体上。《中国新闻出版报》记者了解到，"走基层、转作风、改文风"活动开展以来，该集团已经有400余名编辑记者深入基层，与群众同吃、同住、同劳动，《重庆日报》几乎每天都开辟专栏或在要闻版刊发来自基层一线的报道。

到一线去挖掘鲜活的新闻

　　走基层，既是我们党的新闻工作的优良传统，又是新闻从业人员揭示新闻本质的必需。

　　2011年新年伊始，《重庆日报》组织开展"新春走基层"活动，

数十名记者在春节期间深入乡村与群众同吃同住同劳动。3月下旬，集团又组织开展了"千名编辑记者三进三同"大型采访报道活动。这一活动以"察民情、听民意、求真知"为主题，推动记者编辑到基层感知民生，在实践中砥砺过硬的作风，到一线挖掘鲜活的新闻。

《重庆日报》、《重庆晚报》、《重庆晨报》、华龙网等集团媒体和网站，先后刊发了一大批体验性、调研性新闻稿件和生动的新闻图片。《重庆日报》记者罗芸在酷暑中采访綦江丁山镇抗旱时，看到一个背篓里背着3个大水瓶、手里还提着用过的橙汁饮料瓶的小男孩，细心和敏感让记者写出12岁小男孩帅俊主动挑起家庭重任、照顾年老婆婆的故事。

"深入乡村，我看到了自身的浮躁；住在农民家里，我才真切感受到他们的淳朴与艰辛。"《重庆日报》年轻女记者李薇帆说。今年8月中旬，她住进了万盛区关坝镇田坝村村民张绍炳家中：白天，她与村民一起找水抗旱；晚上，大汗淋漓地回到"家"，却见水缸空空如也。老张把蓄水桶里仅剩的半盆水端给她，那可是一家人次日早上的全部生活用水。望着半盆珍贵而充满感情的水，记者只是打湿帕子抹了抹脸。

采访农家
↓

下基层让新闻语言生动起来

过去，有的媒体记者习惯于"泡在网上搜材料，待在宾馆听汇报"，浮光掠影做新闻，虽然主观上并不想造假，但一不小心，报道就成了虚假新闻。深入基层，与群众真正融为一体，促进了采访作风的转变，吃苦耐劳、踏实求真。到基层，接地气，作风的转变，让记者的稿件一篇比一篇精彩。

9月7日，《重庆日报》在一版"走转改"专栏，刊出了由该报总编辑张小良采写的通讯《夜访"守余火"的汉子》。重庆今年遭遇历史上罕见的高温天气，山林防火成为紧急任务。9月5日深夜，张小良在热浪中跟随正在值班的国家重点保护林区四面山森林资源管理局黄丁局长一起，进行守护点巡察时，采访了一群坚守在大山深处勇灭火点的山林守护人，并连夜写出了这篇感人至深的报道。与此同时，当天刊登的还有副总编向泽映、记者程必忠深入基层一线采录的大型系列报道《千里走乌江》的开篇之作《洞天福地活水来》，这一系列报道计划全方位、多视角、原生态地再现乌江流域经济发展、社会演进、文化交流等实况与变迁。

变化的还有报道语言。如何改变话语体系，让语言鲜活、生动，这一难题也在走基层、转作风、改文风中得到破解。"我心子都要跳出来了，真的！""屋里一滴水都没得了，干得心焦呀！""一颗汗水难挞一颗谷子"……这些从田间地头采撷到的朴实话语，落在了报纸的版面上，读者爱读、爱看，也就更具吸引力。

年轻记者王翔说，如果对农民的了解不深入，就无法和他们交朋友。而只有真正和农民交上朋友，他们才会把心底的话说给我们听。了解了农民的心理诉求，报道才能更客观、更真实。

四措施确保活动深入开展

"党不能脱离群众，党报作为党联系人民群众的桥梁和纽带，更不能脱离群众。只有抓住'人民利益至上'这个根本，抓住'党的一切奋斗都是为了人民'这个核心，党的事业才能前进发展，党报才能更受欢迎。"重庆日报报业集团党委书记牟丰京对《中国新闻出版报》记者表示，集团将采取四项措施确保"走转改"活动深入开展。推动记者深入田间地头、厂矿企业等基层一线，走近群众生活；将一篇篇记录寻常百姓真情实感、反映群众心灵世界、体现时代发展变化的稿件，不断呈现在读者面前。

一是进一步规范制度，建立长效机制，在考核上向走基层的记者倾斜；二是改变"走转改"的新闻报道与提高办报质量"两张皮"的现象，各报编委会组织深入研讨，从思想上解决问题；三是"走转改"一定要做到方法多、思路宽、有深度，联系市委市府的中心工作找结合点；四是领导要带头，编委会以上的领导干部，人人下基层，有作品。

《重庆日报》编委会要求，全体采编人员积极参与该活动，在新闻宣传和舆论引导工作中站稳群众立场、增进群众感情、强化群众视角、运用群众语言、回应群众关切，更好地宣传党的主张、坚持正确导向，更好地反映人民心声、通达社情民意，转作风，改文风，不断提高新闻报道质量和舆论引导水平，使之成为增强党报感染力、吸引力的一个途径，成为提升影响力、传播力的一把钥匙。

2011 年 9 月 9 日，《中国新闻出版报》

不泡机关跑基层 "望闻问切" 写民生

——记《重庆日报》"走转改"大型采访报道"千里走乌江"

记者 曾革楠

    11月17日，随着第三十二篇系列稿件《埋在地心的红色记忆》的刊发，《重庆日报》社为期3个月、总行程4800多公里的"千里走乌江"大型主题采访成功落下帷幕。

    作为该报"走基层、转作风、改文风"的系列举措之一，《重庆日报》副总编辑向泽映带领时政中心记者程必忠，冒着大旱酷暑，行进在崎岖的贵州高原、武陵山区，先后途经36个区县，采访了上百个贫困乡镇，行程4800多公里，以特写、访谈、现场实录等体裁，近距离、多视角、原生态再现了乌江流域经济发展、社会演进、文化交流等的实况与变迁。

    由于采访报道全部来自一线，主题鲜明、素材鲜活、内容丰富、语言生动，文章一出，便好评不断。

不跑上层跑下层
不走会场走现场

  机关报过去报上层的多报下层的少，泡会议的多到现场的少。走乌江的初衷，就是深入基层、一线采录，近距离、多视角、原生态再现乌江流域的现状与变迁，反映基层百姓的喜怒哀乐。基于此，向泽映同随行的时政记者约法三章：尽量选择贫困县、贫困乡、贫困村作为调查标本；不跑县级机关，不通过会议形式采访，多上山下乡。

  "为确保采访情况的真实，我们婉拒了沿途县市宣传部门的安排，直接走到基层，走到边远山村采访。老总要求我们通过'望闻问切'体验式采访，采集第一手材料。我们每天早晨7点出发，经常是忙到下午三四点才能吃午饭。吃住在农家，是我们采访的一部分，《夜宿瓮安话平安》《信用比金子还值钱》《四在农家，好在农家》是这种体验采访的成果，《船工新传：小波掀大浪》是中秋月夜的访问记。"随行记者程必忠说。

  在旅行采访中，向泽映十分注重现场实录。他过去公开出版书籍多以实录命名，如《渝州万里行——当代重庆考察实录》《中国的红色盆地——当代四川考察实录》等。这次乌江行，他更强调以眼代嘴，以腿作笔，不到现场不采访，不见现场不写文。

  9月10日早上7点，采访组听到了酉阳小河镇

与农家大妈摆龙门阵
↓

农民冯光国舍己救人的消息，立即调整当天的采访计划，驱车3小时赶到了小河镇。镇干部介绍了大体情况，说到救人地点需跋山涉水步行几个小时，向泽映一行坚持到现场核实，采访了得救的孩子以及当地的群众，还拿出几百块钱慰问了英雄的家属。采访到天黑，顾不上吃晚饭，又分头进行写作，一直忙到次日凌晨4点发完稿。《他用59岁生命救回9岁生命》通讯在《重庆日报》首发后，上百家报刊网站予以转载。

鲜花常伴泥土香
下里巴人有文章

千里走乌江，发端于"走转改"，契合于"三贴近"，带头摒弃空洞、庸俗的话语体系，倡导真实、朴实、平实的文风。譬如《点石成金发石财》《边沿转身变前沿》《寨门对着重庆开》《鱼庄山庄唱对台》，从标题到内容，都可谓开门见山，质朴无华。《相同印江，不同印象》等文章尽管属批评、监督性报道，但有根有据，话丑理端，让读者真正感受到"真实就是力量"。

用小角度反映大主题，用地方话阐释大道理，用百姓的眼睛去观察社会，用百姓的话语去讲述自己的故事，这是"千里走乌江"的又一显著特点。无论是正安烟农、大木花匠，还是远山仡佬、乌漂勇士，甚或瓮安的王猪儿赵猪儿，一个个角色活灵活现，一个个故事婉转动人。这些新闻作品篇篇带着乡村气息、泥土芬芳。

相对干巴巴的官腔官调、洋腔洋调，民谣、谚语、熟语、歇后语更富有表现力。在写道真大塘时记者就引用了民谣："大塘山，山连山，男儿背力下四川，火烧苞谷有半碗，吃不饱来穿不暖，身上烤起火斑斑。"写屯堡人，用"头上一个罩罩，耳上一副吊吊，腰上一把扫扫，脚上一对翘翘"来形容已婚女子，非常形象生动。

"四千"精神访"五区"
走出五个万里行

今年10月，全国省级党报总编辑聚会重庆，共同交流"走转改"经验。与会代表反映：《重庆日报》老总带头走基层值得推广，精心打造的"千里走乌江"堪称"走转改"中的"大手笔"，是思想深刻、内容厚重、艺术性强的精品力作。

事实上，"千里走乌江"系列报道的成功并不是偶然为之，而是《重庆日报》以及向泽映对党的新闻传统长期的遵循和坚守。本次采访，已是向泽映新闻生涯中的第五个万里行。

1987年，为真实反映计划单列市大农村、大农业问题，大学毕业刚一年多的年轻记者向泽映主动请缨，于当年3月1日至1988年10月开展了为时一年半的"渝郊万里行"，徒步行程7500公里，走访了重庆市750多个乡镇，磨破解放鞋20多双，被称为"脚板记者""胶鞋记者"。当时，《重庆日报》破例在要闻版为这位见习记者开辟了个人专栏《渝郊万里行》。1989年，川东、重庆地区数十区县遭遇百年不遇的特大洪灾，向泽映第一时间深入川东平行岭谷灾区采访。之后，他又到20多个重灾区县巡回采访，行程4000多公里。1996年，重庆直辖前夕代管涪万黔三地，作为报社编委的向泽映带队前往峡江地区实地采访，走遍22个区县和部分厂矿企业，发表通讯

报道约30篇。2008年5月，四川汶川地震，副总编向泽映率领记者毫不犹豫赶赴灾区，先后采访了四川30多个重灾县市，以及陕西、甘肃部分灾区，发表新闻作品近20篇。

"几个万里行的理念可说是一脉相承，一以贯之，那就是发扬'四千'精神，深入'五区'调研。'五区'即山区、边区、穷区、库区、灾区。'四千'，即走遍千山万水，到边远艰苦地区抓'活鱼'；历经千辛万苦，在深入调查中发现真相；想尽千方百计，转变作风为民纾困解难；排除千难万险，在摸爬滚打中磨炼意志。"重庆日报社有关负责人说。

而在向泽映看来，记者天生是行者，脚板底下出新闻。作为职业记者，就应像唐三藏那样甘当苦行僧，脚踏实地，负重前行，最后才能取得"真经"。而最让他欣慰的是，峡江行、灾区行带出了一位范长江新闻奖获得者和一位全国抗震救灾先进个人。

2011 年 12 月 14 日，《中国新闻出版报》

大型报道《千里走乌江》
引广泛反响

　　11月7日，由《重庆日报》组织策划、该报副总编辑向泽映带领时政中心记者程必忠联合采写的"走基层、转作风、改文风"大型主题报道《千里走乌江》的第32篇稿件与读者见面，这也标志着此次为期三个月、总行程4800多公里的大型主题采访成功落下帷幕。

　　在此期间，向泽映和程必忠冒着8月的大旱酷暑、深秋的寒风冷雨，行进在崎岖的贵州高原、武陵山区，从贵州威宁县乌江源头始，分别沿乌江天险的北源、南源，再沿干流左右两岸交叉行进，并对几条主要支流流域进行重点考察调研，先后途经36个区县，采访了上百个贫困乡镇，刊发通讯报道32篇共6万余字，拍摄了数千张有价值的新闻、资料图片。

　　这组报道以特写、访谈、现场实录等体裁形式，近距离、多视角、原生态再现了乌江流域经济发展、社会演进、文化交流等实况与变迁，探索了区域合作、缩差共富的新路子。由于采访报道全部来自一线，主题鲜明、素材鲜活、内容丰富、语言生动，一经推出即好评不断，在全国范围内引起广泛反响：不仅被《重庆日报》评为"走基层、转作风、改文风"活动好新闻、好专栏，还先后被七一网、苏红网、大洋网、凤凰网等数十家媒体转载，其中华龙、搜狐、百度、网易等网络媒体从开篇到结束语全程跟踪转载，中国网络电视台、《中国日报》也给予了很大关注，《中国新闻出版报》报道了《千里走乌江》的壮举与成果。

今年10月，全国省级党报总编辑聚会重庆，共同交流"走转改"经验。与会代表认为：《重庆日报》老总带头走基层值得推广，精心打造的《千里走乌江》堪称"走转改"中的"大手笔"，是思想深刻、内容厚重、艺术性强的精品力作。近日，《遵义日报》《遵义晚报》专门邀请向泽映前往遵义，以《千里走乌江》为范本与采编人员一起交流"走转改"心得体会。

其实，《千里走乌江》的成功并非偶然，而是《重庆日报》对党的新闻传统长期遵循和坚守的结果。据悉，本次"千里走乌江"，已是向泽映26年新闻生涯中的第五个大型"基层行"。无论是反映计划单列市大农村、大农业问题的《渝郊万里行》，报道1989年川东、重庆地区数十区县百年不遇特大洪灾的《灾区纪行》，还是直辖前访问涪万黔三地的《峡江行》，在汶川地震中深入采访四川30多个重灾县市及陕西、甘肃部分灾区的地震灾区行，几个大型"基层行"的理念可说是一脉相承。那就是发扬"四千"精神，深入"五区"调研。"五区"即指老区、山区、边区、穷区、灾区，"四千"即指走遍千山万水，到边远艰苦地区抓"活鱼"；历经千辛万苦，在深入调查中发现真相；想尽千方百计，转变作风为民疏困解难；排除千难万险，在摸爬滚打中磨练意志。

千里走乌江，关键在走，在如何走。此行向泽映同程必忠约法三章：尽量选择贫困的县乡村做调查标本；不跑县级机关不访会议，多上山下乡。为确保采访情况真实，他们婉拒了沿途县市宣传部门的安排，直接走到边远山村，吃住在农家，通过"望闻问切"的体验式采访，采集第一手材料，《夜宿瓮安话平安》《信用比金子还值钱》《四在农家，好在农家》等就是这种体验采访的成果。尽管在采访过程中他们遭遇了路道塌方、汽车爆胎、坐冷板

凳、吃闭门羹、当山大王、热毒攻身满脸长痘还一路拉肚子等困难，但他们仍坚持不到现场不采访，不见现场不写文，强调以眼代嘴，以腿作笔。9月10日早上7点，获悉酉阳小河镇农民冯光国舍己救人的消息，他们立即调整当天计划，驱车3小时赶到小河镇，又爬山涉水步行几小时到达救人现场，还拿出几百块钱慰问英雄家属，直到天黑也顾不上吃饭，又分头写作，一直忙到次日凌晨4点发稿完毕。第二天，《他用59岁生命救回9岁生命——记舍己救人的酉阳农民冯光国》通讯在《重庆日报》首发后，上百家报刊网站进行了转载。

千里走乌江，发端于"走转改"，契合于"三贴近"，摈弃空洞庸俗的话语体系，倡导真实朴实的文风。譬如《点石成金发石财》《寨门对着重庆开》《鱼庄山庄唱对台》，从标题到内容都可谓开门见山、质朴无华，篇篇带着乡村气息、泥土芬芳。在写道真大塘时引用民谣"大塘山，山连山，男儿背力下四川，火烧苞谷有半碗，吃不饱来穿不暖，身上烤起火斑斑"。写屯堡人时用"头上一个罩罩，耳上一副吊吊，腰上一把扫扫，脚上一对翘翘"来形容已婚女子，非常形象生动。表现船工的惊险人生，引用了"乌江滩连滩，十船九打烂。挖煤的埋了

的没死，跑船的死了的没埋"，大大增强了报道的吸引力、感染力。

用小角度反映大主题，用地方话阐释大道理，用百姓的眼睛观察社会，用百姓的话语讲述自己的故事，是《千里走乌江》的又一显著特点。无论是正安烟农、大木花匠，还是远山仡佬、乌漂勇士，甚或瓮安的王猪儿赵猪儿，一个个角色活灵活现，一个个故事婉转动人。《相同印江，不同印象》等报道尽管属批评监督性报道，但有根有据，体现了"真实就是力量"。

2011 年 12 月 15 日，《华龙网》

深入调研"老少边穷" 助力武陵山区脱贫致富

——《重庆日报》推出《千里走乌江》大型报道的台前幕后

本报记者　向泽映　程必忠

从8月下旬开始至11月上旬止，《重庆日报》在"走转改"活动中，推出了历时三个月的大型主题报道——千里走乌江。

整个采访历经威宁、安顺、毕节、清镇、开阳、遵义、瓮安、余庆、印江、湄潭、凤冈、思南、沿河、酉阳、彭水、武隆等数十个县（市），行程4800余公里，先后刊发稿件30余篇，6万余字，拍摄图片2000多幅。

这组系列报道以纪实手法，全方位记录了乌江流域各主要地区在经济社会发展、改善民生、创新社会管理、文化继承发展等方面的变革、演进、交流、经验，同时也看到了武陵山地区要协调发展存在的困难，以及需要解决的一些难题，并就此提出了一些思路性的方法。

报道刊出后，迅即被全国各大新闻网站转载，一些专家、学者、同行、官员对这组报道也给予了极大关注。

总结这组报道，"走下去"成为取得成功的最大关键，结合整个报道，谈一点自己的体会。

"两结合"，"千里走乌江"终成行

选择千里走乌江，源于长期对我市武陵山区的酉阳、秀山、黔江、彭水等少数民族地区经济发展的持续关注。

这个地区，也是重庆"两翼"渝东南地区中"老少边穷"问题突出的地方，如何加快这些地方的经济社会发展，也是历届市委、政府关心的问题。

这几个地方是大武陵山区中的一个小部分，这些地方的发展，自然离不开重庆这个火车头的拉动，但是同样离不开整个武陵山区协同发展。

武陵山地区的相当大部分区域又在贵州省境内。所以，要解剖重庆的这几个"老少边穷"地区，自然离不开对相邻的其他行政区域的报道。通过综合对比分析，我们找到了武陵山区域的一个共有的精神支点——千里乌江流域。

一条横跨渝黔的名江大川，出乌蒙，穿娄山，斩武陵，吞长江，大气磅礴，浩浩荡荡，起于贵州威宁，止于重庆涪陵，流经46区县，全程1037公里，流域面积8万余平方公里。

这条河属于贵州的母亲河，流经的地方，也是属于欠发达地区。为此，我们确定了这次采访的主线，围绕乌江流域做报道。

思路出来了，但如何推出，需要等待机遇。恰恰在此时，重庆与贵州两地在今年8月签订了渝黔合作框架协议，双方在多领域将展开深度合作，这为同处在武陵山区域内的渝黔两地"老少边穷"的区域合作打开了通道。

而同样在8月初，中央在新闻战线开展了"走转改"活动。按照中央领导的要求，"走基层、转作风、改文风"活动着眼于把握新闻舆论正确导向，着眼于提升新闻队伍能力素养，有针对性地解决突出问题，推动新闻宣传工作迈上新的台阶，为促进经济社会又好又快发展、全面建成小康社会做出应有贡献。

对照"走转改"活动的要求，我们的理解是，这项活动就是要让我们这些编辑记者持续深入基层，深入到老百姓当中去，了解最真实的中国现

状，了解最真实的社情民意，倾听基层群众发自内心的声音，了解国家惠农政策在基层执行的真实情况。完成这些工作，就必须大兴调查研究之风。

↑ 记者向泽映与赶集的老翁合影

渝黔合作与"走转改"活动的开展，我们立即策划实施《千里走乌江》报道计划上报报社编委会和集团领导，有了集团领导和报社编委会的支持，《千里走乌江》就有了坚强的后盾并最终得到顺利执行。

走为上，千里乌江万里行

计划得到批准后，我们抓紧利用两天的时间收集整理乌江流域沿途的资料，制订采访计划。

整个乌江流域，大小支流流经云南、贵州、湖北、重庆等数十个县级行政区域。如何选择路线"走下去"是一件颇费脑筋的事情。在综合各方情况后，我们制订了一个简单的方法：沿乌江的一侧上行，沿另一侧下行来完成我们的"走转改"采访活动。

怎么采访呢?我们的想法是直接通过对基层群众的看、访、问来完

成。因为国家的惠民政策及当地党委政府的中心工作，最终都可以在基层老百姓那里得到答案。

为确保采访情况的真实性，我们拒绝了沿途县市宣传部的安排，直接走到基层，到最偏远、平常最不容易到的边远山村采访。依托坐车、乘船、走路，采访行程3000余公里，我们的行程是走到哪里黑就到哪里歇，住农家与村民交谈至深夜。夜宿瓮安江界河大桥桥头体验守住江边无水喝的无奈，因为干旱，招待所的用水极为紧张，无水洗澡、冲厕，水管中出来的漱口水呈腥臭味，里面还漂浮着类似青苔的东西。

有时，为了采访更多的群众，经常是等到下午三四点才能吃午饭，口渴了，买个西瓜放在车上，等到下午午饭的时候，再把西瓜从车的后备箱拿出来时，发现西瓜已经被蒸得熟透了。

在整个采访过程中，因为采访的量特别大，除了传统的笔记本，我们每个人都带了两个照相机，用于真实记录基层的现状。采访中，手机录音和短信功能也被充分利用起来。

"走转改"，边走边转边改进

到10月下旬，《千里走乌江》实地采访已基本结束，文章刊发也已经过大半。一路走来有诸多收获和体会。

一、"走转改"一定要走下去，这是对新闻记者最基本也是最重要的要求，这也是我们读懂中国，了解中国基层百姓疾苦、农村现状的最有效手段。

千里下来，我们为基层百姓面对大旱天灾之年所表现出来的坚韧、执着而感动，也为乌江水质频频受到严重污染而忧虑，更为酉阳贫困农民——冯光国用59岁生命托起9岁生命的精神所震撼。

一路走来，让我们记住、担心、感动、忧虑的事情还有很多，如贵州一些市县在创新社会管理、新农村建设、农民增收致富等方面所探索出来的经验同样值得我们的一些区县去观摩学习借鉴。

如果不深入基层，不去调查研究，我们就没法对这些情况有更清晰的了解和认识。

二、"走转改"一定要长期坚持下去，只有大兴调查研究之风，我们的新闻才能更好地引导舆论，才能更好地为党委、政府的中心工作及政策的制定，提供真实、翔实的素材。

"走转改"对新闻记者来说，是一种必须长期坚持的采访作风，而不是短期的走而了之，唯有长期的坚持下去，经常到基层走走看看，对一些普遍问题、现象长期的关注，才能通过调查研究提出切合实际的解决之道。

如我们在《千里走乌江》的采访，在总结各个地方经验、做法的同时，更要看到区域合作存在的难题，并提出解决这些难题的方式方法。而这些问题，仅仅依靠当地政府是无法解决的，如何向外、向上传递来自更多"老少边穷"地区的声音，则需要更多的编辑记者走下去调查研究。

通过这组报道，或许可以带给大家对乌江整个流域不一样的观察角度，相比于网络对这组报道大量转载传播带给我们的欣慰，前一个结果才是我们更愿意期望获得的，也是我们在"走转改"活动中采写这组报道的初衷。

2012 年 12 月，《重报工作通讯》

为"老少边穷"区域合作
开启思路

——《重庆日报》"千里走乌江"大型系列报道纪录

程必忠 / 文

　　2011年11月17日，随着第三十三篇系列稿件《共饮一江水 同下一盘棋》的刊发，《重庆日报》社为期3个月，先后途经威宁、安顺、毕节、清镇、开阳等36个区县，采访上百个贫困乡镇，总行程4800多公里的"千里走乌江"大型主题采访成功落下帷幕。共刊发新闻报道6万余字，拍摄图片2000多幅。

　　由于采访报道全部来自一线，主题鲜明、素材鲜活、内容丰富、语言生动，文章一出迅即被全国各大新闻网站转载，一些专家、学者、同行、官员对这组报道也给予了极大关注。

　　总结这组报道，"走下去"成为取得成功的最大关键，现结合整个报道，谈一点自己的体会。

行千里，访乌江

　　选择"千里走乌江"，源于长期对我市少数民族地区经济发展的持续关注。这些地区也是重庆"两翼"渝东南地区中"老少边穷"突出的地方，如何加快这些地方的经济社会发展，也是历届市委、政府关心的问题。

这几个地方是大武陵山区中的一个小部分，自然，这些地方的发展，离不开重庆这个火车头的拉动，但是同样离不开整个武陵山区协同发展。通过综合对比分析，我们找到了共有的精神支点——千里乌江流域。

↑ 记者程必忠与老乡合照留念

乌江起源于贵州威宁，止于重庆涪陵，流经46区县，全程1037公里，流域面积8万余平方公里。这条河属于贵州的母亲河，流经的地方，也是属于欠发达地区。为此，我们确定了这次采访的主线，围绕乌江流域做报道。

思路出来了，但如何推出，需要等待机遇。恰恰在此时，重庆与贵州两地在2011年8月签订了渝黔合作框架协议，双方在多领域将展开深度合作，这为同处在武陵山区域内的渝黔两地"老少边穷"的区域合作打开了通道。

而同样在8月初，中央在新闻战线开展了"走转改"活动。对照"走转改"活动的要求，我们的理解是，这项活动就是要我们这些编辑记者持续深入基层，深入到老百姓当中去，了解最真实的中国现状，了解最真实的社意民情，倾听基层群众发自内心的声音，了解国家惠农政策在基层执行的真实情况。完成这些工作，就必须大兴调查研究之风。

渝黔合作与"走转改"活动的开展，我们立即策划实施"千里走乌江"报道计划上报报社编委会和集团领导，有了集团领导和报社编委会的支持，"千里走乌江"就有了坚强的后盾并最终得到顺利执行。

要走出方法，转出实效

走基层，一直是《重庆日报》采编队伍的优良传统。最近几年，报社更是要求编辑记者每年安排一周的时间下基层、驻农村，与农民同吃同住同劳动。

在"千里走乌江"报道中，如何继续发扬这种优良传统？

基于此，此次采访领队、《重庆日报》副总编辑向泽映与随行的时政记者约法三章：尽量选择贫困县、贫困乡、贫困村作为调查标本；不跑机关，不通过会议形式采访，多上山下乡。

为确保采访情况的真实，采访小组婉拒了沿途县市宣传部门的安排，直接走到基层，走到边远山村采访，采集第一手材料，因为通过对基层群众的"望闻问切"，是检验惠民政策是否在基层得到坚决贯彻落实的最直接途径。

每天早晨7点出发，经常是忙到下午三四点才能吃饭。整个行程是走到哪里黑就到哪里歇，住农家与村民交谈至深夜，夜宿瓮安江界河大桥桥头体验守住江边无水喝的无奈，因为干旱，招待所的用水极为紧张，无水洗澡、冲厕，水管中出来的漱口水呈腥臭味，里面还漂浮着类似青苔的东西。

吃住在农家，是采访的重要组成部分，《夜宿瓮安话平安》《信用比金子还值钱》《四在农家，好在农家》是这种体验采访的成果，《船工新传：小波掀大浪》是中秋月夜的访问记。

在采访中，向泽映副总编十分注重现场实录。这次乌江行，他更强调以眼代嘴，以腿作笔，不到现场不采访，不见现场不写文。

9月10日早上7点，采访组听到了酉阳小河镇农民冯光国舍己救人的消息，立即调整当天的采访计划，驱车3小时赶到了小河镇。镇干部介绍了大体情况，说到救人地点需跋山涉水步行几小时，向泽映副总编一行坚持到现场核实，采访到了得救的孩子以及当地的群众，还拿出几百块钱慰问了英雄的家属。采访到天黑，顾不上吃饭，又分头进行写作，一直忙到次日凌晨4点完发稿。《他用59岁生命救回9岁生命——记舍己救人的酉阳农民冯光国》通讯在《重庆日报》首发后，上百家报刊网站予以转载。

千里之行，千里感悟

"千里走乌江"，发端于"走转改"，契合于"三贴近"，带头摒弃空洞、庸俗的话语体系，倡导真实、朴实、平实的文风。

譬如《点石成金发石财》《边沿转身变前沿》《寨门对着重庆开》《鱼庄山庄唱对台》，从标题到内容，都可谓开门见山，质朴无华。《相同印江，不同印象》等文章尽管属批评、监督性报道，但有根有据，话丑理端，让读者真正感受到"真实就是力量"。

用小角度反映大主题，用地方话阐释大道理，用百姓的眼睛去观察社会，用百姓的话语去讲述自己的故事，这是"千里走乌江"的又一显著特点。无论是正安烟农、大木花匠，还是远山仡佬、乌漂勇士，甚或瓮安的王猪儿赵猪儿，一个个角色

灵活，一个个故事婉转动人。

相对干巴巴的官腔官调、洋腔洋调，民谣、谚语、熟语、歇后语更富有表现力。在写道真大塘时就引用了民谣："大塘山，山连山，男儿背力下四川，火烧苞谷有半碗，吃不饱来穿不暖，身上烤起火斑斑。"写屯堡人，用"头上一个罩罩，耳上一副吊吊，腰上一把扫扫，脚上一对翘翘"来形容已婚女子，非常形象生动。

千里走乌江，不仅走到了基层，也转变深化了采访作风，更改变了文风。更让我们看到了中国社会的基层现状，我想这是最为重要的。所以，首先，"走转改"一定要走下去，这是对新闻记者的最基本也是最重要的要求，这也是我们读懂中国。了解中国百姓疾苦、农村现状的最有效手段。其次，"走转改"一定要长期坚持下去，只有大兴调查研究之风，我们的新闻才能更好地引导舆论，才能更好地为党委、政府的中心工作及政策的制定，提供真实、翔实的素材。

"走转改"对新闻记者来说，是一种必须长期坚持的采访作风，而不是短期的走而了之。唯有长期坚持下去，经常到基层走走看看，对一些普遍问题、现象长期地关注，才能通过调查研究提供出切合实际的解决之道。

如我们在《千里乌江》采访，在总结各个地方经验、做法的同时，更要看到区域合作存在的难题，并提出解决这些难题的方式方法。而这些问题，仅仅依靠当地政府是无法解决的，如何向外、向上传递来自更多"老少边穷"地区的声音，则需要更多的编辑记者走下去调查研究。

通过这组报道，或许可以带给大家对乌江整个流域不一样的观察角度。

2012 年 2 月第一版，《法治新闻传播》（中国检察出版社）

图书在版编目 (CIP) 数据

千里走乌江：当代乌江流域考察实录 / 向泽映，程必
忠著 . -- 重庆：重庆大学出版社，2022.5
ISBN 978-7-5689-3175-5

Ⅰ . ①千… Ⅱ . ①向… ②程… Ⅲ . ①新闻—作品集—
中国—当代 Ⅳ . ① TS941.74

中国版本图书馆 CIP 数据核字（2022）第 032256 号

千里走乌江：当代乌江流域考察实录
QIANLI ZOU WUJIANG DANGDAI WUJIANG LIUYU KAOCHA SHILU

向泽映　程必忠　著

责任编辑：李佳熙
责任校对：关德强
责任印制：张　策
书籍设计：DESIGN

重庆大学出版社出版发行
出版人：饶帮华
社址：重庆市沙坪坝区大学城西路 21 号
电话：(023) 88617190 88617185（中小学）
传真：(023) 88617186 88617166
网址：http://www.cqup.com.cn
全国新华书店经销
印刷：重庆俊蒲印务有限公司

开本：720mm×1020mm　1/16　印张：20.75　字数：280 千
2022 年 5 月第 1 版　　2022 年 5 月第 1 次印刷
ISBN 978-7-5689-3175-5　定价：78.00 元